FARMING
农业种植系列读物
车艳芳 编著

茄果类蔬菜
生产技术

河北科学技术出版社

图书在版编目(CIP)数据

茄果类蔬菜生产技术 / 车艳芳编著. -- 石家庄：河北科学技术出版社，2013.12(2023.1 重印)
　ISBN 978-7-5375-6558-5

Ⅰ. ①茄… Ⅱ. ①车… Ⅲ. ①茄果类-蔬菜园艺 Ⅳ. ①S641

中国版本图书馆 CIP 数据核字(2013)第 268989 号

茄果类蔬菜生产技术
车艳芳　编著

出版发行	河北科学技术出版社
地　　址	石家庄市友谊北大街 330 号(邮编:050061)
印　　刷	三河市南阳印刷有限公司
开　　本	910×1280　1/32
印　　张	7
字　　数	140 千
版　　次	2014 年 2 月第 1 版 2023 年 1 月第 2 次印刷
定　　价	25.80 元

Preface 序

推进社会主义新农村建设,是统筹城乡发展、构建和谐社会的重要部署,是加强农业生产、繁荣农村经济、富裕农民的重大举措。

那么,如何推进社会主义新农村建设?科技兴农是关键。现阶段,随着市场经济的发展和党的各项惠农政策的实施,广大农民的科技意识进一步增强,农民学科技、用科技的积极性空前高涨,科技致富已经成为我国农村发展的一种必然趋势。

当前科技发展日新月异,各项技术发展均取得了一定成绩,但因为技术复杂,又缺少管理人才和资金的投入等因素,致使许多农民朋友未能很好地掌握利用各种资源和技术,针对这种现状,多名专家精心编写了这套系列图书,为农民朋友们提供科学、先进、全面、实用、简易的致富新技术,让他们一看就懂,一学就会。

本系列图书内容丰富、技术先进,着重介绍了种植、养殖、职业技能中的主要管理环节、关键性技术和经验方法。本系列图书贴近农业生产、贴近农村生活、贴近农民需要,全面、系统、分类阐述农业先进实用技术,是广大农民朋友脱贫致富的好帮手!

中国农业大学教授、农业规划科学研究所所长
设施农业研究中心主任 张天柱

2013年11月

Foreword 前言

农业是国民经济的基础，是国家稳定的基石。党中央和国务院一贯重视农业的发展，把农业放在经济工作的首位。而发展农业生产，繁荣农村经济，必须依靠科技进步。为此，我们编写了这套系列图书，帮助农民发家致富，为科技兴农再做贡献。

本系列图书涵盖了种植业、养殖业、加工和服务业，门类齐全，技术方法先进，专业知识权威，既有种植、养殖新技术，又有致富新门路、职业技能训练等方方面面，科学性与实用性相结合，可操作性强，图文并茂，让农民朋友们轻轻松松地奔向致富路；同时培养造就有文化、懂技术、会经营的新型农民，增加农民收入，提升农民综合素质，推进社会主义新农村建设。

本系列图书的出版得到了中国农业产业经济发展协会高级顾问祁荣祥将军、中国农业大学教授、农业规划科学研究所所长、设施农业研究中心主任张天柱、中国农业大学动物科技学院教授、国家资深畜牧专家曹兵海、农业部课题专家组首席专家、内蒙古农业大学科技产业处处长张海明、山东农业大学林学院院长牟志美、中国农业大学副教授、团中央青农部农业专家张浩等有关领导、专家的热忱帮助，在此谨表谢意！

在本系列图书编写过程中，我们参考和引用了一些专家的文献资料，由于种种原因，未能与原作者取得联系，在此谨致深深的歉意。敬请原作者见到本书后及时与我们联系（联系邮箱：tengfeiwenhua@sina.com），以便我们按国家有关规定支付稿酬并赠送样书。

由于我们水平所限，书中难免有不妥或错误之处，敬请读者朋友们指正！

编　者

CONTENTS
目 录

第一篇 茄 子

第一章 茄子的优良品种 ………………………………… 2
- 第一节 优良品种的选择 ………………………………… 2
- 第二节 引进的优良茄子品种 …………………………… 3
- 第三节 我国优良茄子品种 ……………………………… 6

第二章 现代化的茄子育苗 ……………………………… 14
- 第一节 有土育苗技术 …………………………………… 14
- 第二节 无土育苗技术 …………………………………… 23
- 第三节 嫁接育苗技术 …………………………………… 26

第三章 高效益的茄子栽培 ……………………………… 31
- 第一节 准确的栽培管理 ………………………………… 31
- 第二节 安排茬口 ………………………………………… 34
- 第三节 茄子施肥技术 …………………………………… 44
- 第四节 茄子的露地栽培技术 …………………………… 57
- 第五节 茄子的保护地栽培技术 ………………………… 64

1

第四章 绿色的茄子生产与加工 ·················· 68
第一节 茄子的生产标准与包装运输 ·············· 68
第二节 茄子的贮藏和加工技术 ················ 72

第五章 茄子的疾病种类与防治 ················ 78
第一节 真菌性疾病的综合防治 ················ 78
第二节 细菌性疾病的综合防治 ················ 80
第三节 茄子的虫害种类与防治 ················ 81
第四节 生理性疾病的种类与防治 ·············· 86

第二篇 番 茄

第一章 番茄的品种与育种 ···················· 90
第二章 现代化的番茄育苗 ···················· 96
第一节 嫁接育苗技术 ······················ 96
第二节 工厂化育苗技术 ···················· 98

第三章 高效益的番茄栽培 ···················· 101
第一节 适宜的栽培季节 ···················· 101
第二节 番茄的日光温室栽培 ················ 102
第三节 番茄的摘心栽培技术 ················ 110

第四章 绿色的生产与加工 ···················· 138
第一节 番茄的采收与分级 ·················· 138
第二节 番茄的包装与运输 ·················· 144
第三节 番茄的贮藏与保鲜 ·················· 146
第四节 番茄的加工技术 ···················· 151

第五章　番茄的疾病与防治 …………………………… 160
第一节　番茄的主要病害与防治 ……………………… 160
第二节　番茄的主要虫害与防治 ……………………… 162
第三节　番茄的主要生理病害与防治 ………………… 164

第三篇　辣　椒

第一章　辣椒的品种与育种 ……………………………… 170
第二章　辣椒的育苗方法 ………………………………… 178
第一节　甜椒的育苗 …………………………………… 178
第二节　朝天椒的育苗 ………………………………… 182
第三章　高效益的辣椒栽培 ……………………………… 186
第一节　适宜的栽培季节 ……………………………… 186
第二节　辣椒的露地栽培技术 ………………………… 187
第三节　塑料大棚的早熟栽培 ………………………… 192
第四章　绿色的生产与加工 ……………………………… 197
第一节　辣椒的采收和分级 …………………………… 197
第二节　辣椒的包装与运输 …………………………… 200
第三节　辣椒的贮藏方法 ……………………………… 204
第四节　辣椒的加工技术 ……………………………… 207
第五章　辣椒的疾病与防治 ……………………………… 208
第一节　常见病害与防治 ……………………………… 208
第二节　常见虫害与防治 ……………………………… 212
第三节　生理性疾病与防治 …………………………… 214

茄果类蔬菜生产 技术

第一篇
茄 子

第一章 茄子的优良品种

第一节 优良品种的选择

因地制宜地选择适合的茄子品种，是其取得高产高效益生产的重要因素。优质的茄子品种，应该具有以下几个特点：

（一）优良的经济性状

茄子生产作为特殊的商品生产，其品种应该具备适宜的熟性，稳定的丰产性，优质的商品外观性以及营养、风味品质。茄子的熟性应该符合栽培方式的不同需要，如春季茄子的早熟栽培就需要早熟品种，而夏季栽培就需要晚熟品种，茄子产品外观的品质，与产品器官的形状、大小、色泽有关，常因各地消费习惯的不同而有差异。

（二）适应能力强，有一定的抗病性

品种的适应能力对茄子的丰产、稳产非常重要。这种适应能力应该包括对同一地区中不同年份气候变化的适应能力以及对不同地

区中土壤、气候差异的适应能力。然而茄子的稳产、丰产在实际栽培中又常常受病害发生情况的制约。因此，优良的茄子品种，应该对经常发生的主要病害有一定的抗病性，这种抗病性能抗多种病害更好。不过，由于育种技术水平的局限性，一些茄子品种的抗病性常常和优质相矛盾，即抗病性好的品种大多数质量比较差，在品种选用时应该引起注意。

(三) 整齐而具有良好的遗传稳定性

商品性状的一致性和经济效益密切相关，茄子作为一种商品，其整齐的程度、遗传性状的稳定度不只是栽培的需要，还是市场的需要。因为常被生产者留种，所以品种的遗传稳定性，对于地方品种与常规品种来说非常重要，如果品种的遗传性状不稳定，势必会影响所繁育种子的一致性。

(四) 高品质的种子质量

高品质的种子质量包括符合国家标准的种子的发芽率、发芽势、种子净度以及适当的含水量等。

目前我国的茄子品种非常多，种子市场十分活跃，菜农面临良莠不齐的各种茄子品种，往往不知所措，常常盲目地随从他人选择品种，不能综合考虑种植条件、目的等来选择，这样很容易因为品种选择不当从而造成经济损失。

第二节　引进的优良茄子品种

目前通过国外引进的优良的茄子品种，在本土培育时也表现出一定的优良特性，主要有法国长茄、日本艳丽茄子、尼罗、意大利圆黑茄、美姿长茄、马来西亚紫长茄等。

（一）法国长茄一代杂交种

该品种属于高秧长茄的类型，特别早熟，抗寒性能以及抗病性能都很好，适应于大棚、拱棚以及露地早熟栽培等多种栽培方式。法国长茄一代杂交种果长约为30厘米，直径约为4厘米，直而粗的长棒形，皮薄籽少，果肉鲜嫩，果皮着色好，黑紫泛光，其生产前期与后期产量均很高，低温条件下生长强势，很少有畸形果，商品性能优异。其苗龄达55~60天，有7~8片真叶时可进行定植，株距、行距为30厘米×50厘米。因为这是一种高秧长茄的类型，密植会降低产量，在进行保护地栽培的时候应该注意人工授粉以及喷洒2,4-D等工作，防治产生畸形果。同时，对于这种高产品种，采收的时候应该实行分批追肥。

（二）日本艳丽茄子

该品种果长约为40厘米，紫黑泛光，早熟、抗热、抗湿，不容易弯曲，籽少，品质优异，产量极高，最适合露地早熟栽培方式，其次可作为保护地早熟栽培品种。

（三）尼罗

该品种适用于北方的保护地栽培，其植株开展度大，株型笔直，门茄一般着生在8~9节之间。花萼以及叶片都很小，没有刺，生长能力一般，坐果率特别高，可实现连续结果。早熟，产量高，可持续采收。尼罗果长为28~35厘米，直径约为6厘米，单果重在250~300克。果实紫黑发亮，在弱光的环境下着色性能优异，味道很好。其商业性能良好，货架寿命很长，在低温潮湿的环境下也可以良好地生长，结果正常，很少有畸形果，并对低温潮湿环境下发生的多种病害都有较强的抵抗能力，可适应范围广泛，既可以在紫长茄生产的地域进行栽培，也可以割茬换头进行再生种植。

(四) 意大利圆黑茄

意大利圆黑茄是从意大利引进的一种优良的圆茄新品种，中早熟，抗寒、抗热、抗病。其植株高80~90厘米，生长强势，株型密集，叶片为绿色，叶脉呈紫色，第一朵花着生于植株的8~9节，果实圆而亮，生长速度快，果肉淡绿色，籽少，肉质细而甜，味道好，品质佳。

(五) 美姿长茄

美姿长茄是由美国引进的一代中早熟交配品种，其植株高约80~100厘米，生长强势，叶子为深绿色，叶脉呈紫色，果长在25~30厘米，直径约为4厘米，呈细长的棒状，单果重250~300克，果面为浅粉紫色，有光泽，果肉洁白细腻，口感很好，果皮较厚，适宜运输，抗逆性能优异。该品种适用于露地以及保护地栽培，其株距、行距为40厘米×60厘米，每亩（1亩=666.7平方米）地可栽种3000株左右。

(六) 马来西亚紫长茄

该品种又名琼1号紫长茄，由海南省农业科学院瓜菜研究所自马来西亚引进，经过几代定向培育而成。其植株高约100厘米，开展度约为90厘米，生长强势。马来西亚紫长茄的果实为粗长条状，果长25~30厘米，直径约为6厘米，单果约重300克。果皮为紫色，有光泽，果肉细腻松软，质量好。该品种抗湿抗热性能优异，抗病性能较差，亩产高于 5000 千克。

第三节 我国优良茄子品种

我国茄子的优良品种很多，由于不同的地域以及消费习惯，其所用到的品种也不同。目前，在我国蔬菜生产中的茄子，按照茄果形状可以划分为圆茄、长茄以及卵圆形茄，以下就是这三种茄子的主要优良品种。

一、圆茄品种

圆茄品种的一般特点为植株高大，叶子宽厚，果实呈圆球形、椭圆球形或者扁圆球形，果皮颜色多为紫色、黑紫色、红紫色或者绿白色，抗热抗湿性能较差，主要栽培地区靠北。圆茄大多属于中晚熟品种，主要优良品种有六叶茄、天津二苠茄、丰研 1 号、圆杂 2、黑圆星茄子等。

(一) 六叶茄

六叶茄属于北京市的地方品种,是一种高产、优质、适应能力强的早熟的圆茄品种。其植株高约为70厘米,植株宽幅约为90厘米,生长速度一般。始果约生长在茄子主茎第6节的上方,果实为圆球形或者扁圆球形,纵向直径约为9厘米,横向直径约为11厘米,果皮紫黑发亮,果肉浅绿泛白,肉质鲜嫩细腻,单果重在400克到500克之间。该品种抗低温、抗涝以及抗热性都很差,抗病虫害能力弱,适用于春季露地栽培种的地膜覆盖早熟栽培以及塑料大棚、中小型拱棚的栽培,每亩地的产量在2500~3000千克。六叶茄主要种植在北京当地以及华北的部分地区,1月利用阳畦进行播种,培育幼苗,4月下旬移植到露地,并加盖地膜进行定植,保持株距、行距为40厘米×53厘米。中小型拱棚栽培时,可在7月上旬进行播种育苗,8月上旬定植,塑料大棚的栽培一般在12月下旬进行保护地的播种培育幼苗,第二年3月下旬才进行定植。

(二) 天津二苠茄

该品种原产地在天津,经过天津市蔬菜研究所进行多年的提纯壮苗培育而成。其植株约高70厘米,植株幅度在60厘米左右,门茄生长在主茎的7、8节之间。天津二苠茄的果实为圆球形或者略扁圆球形,商品用果横向直径为12~15厘米,纵向直径高于10厘米,果皮紫色发亮,果实顶部的颜色较浅。单果重约750克,最大时可以达到1500克,果肉为白色,细腻而鲜嫩,籽少,质量好。该品种为中熟品种,比较能承受盐碱、高温度和高湿度,其栽培方法主要是春季露地早熟栽培,也可以进行秋延后的栽培,如果取整枝,也可以进行保护地栽培,每亩地的产量约为5000千克。促使茄子早熟、增产，防治烂茄子可以采取覆盖地膜以及加强防涝的措施，同时防治绵疫病、褐纹病，预防红蜘蛛和茶黄螨等害虫的侵害也很重要。

（三）丰研1号

丰研1号又名黑又亮，是北京丰台农业科学研究所从茄子混合杂交品种的后代中选择单株进行多年的连续筛选培育而成的一种常规的茄子品种。该品种植株高80厘米左右，体型较为直立，其茎秆为紫色，叶子窄而小，叶面上生长着细密的短刺毛，叶脉以及叶柄上面有刺，萼片和果柄上也有稀疏的短刺毛。始果生长在其主茎的第9节的上方，果实为近圆球形或者扁圆球形，果皮深紫发亮，果肉浅白发绿，肉质细腻鲜嫩，质量好，单果重约600克。丰研1号属于晚熟品种，从播种到第一轮采收需要100天左右，其抗逆性能优异，同时抗热、抗涝，能抵御黄萎病、绵疫病、病毒病以及茶黄螨等病虫害。该品种适用于夏季的露地栽培，一般每亩地的产量约为3500千克，适合种植在北京当地，一般4月上旬或者下旬进行播种育苗，6月中下旬进行定植。在进行大小垄栽培的时候，大垄的行间距保持在70~80厘米，小垄行距约为30厘米，植株距离约为50厘米，每亩地最适宜栽种2300~2600株幼苗。茄子生长期要及时摘除边侧枝条，门茄采收后及时中耕培土，防止植株倒伏。

（四）圆杂2

该品种是由中国农业科学院蔬菜花卉研究所培育而成的圆茄一代杂种。生长强势，可连续坐果，单株的结果量大，属于中早熟品种。其果实呈圆球形，纵向直径约为11厘米，横向直径约为13厘米，单果重量在400~750克。果皮紫黑发亮，果肉细腻鲜嫩，商品性能好,一般每亩地的产量高于 4500 千克。该品种适合春季露地、夏季播种以及保护地栽培,北京地区的春季露地栽培中,一般在 2 月上旬或者下旬播种,4 月下旬或者 5 月上旬进行定植,株距 50 厘米,行距 66 厘米,一般每亩地适宜栽种 2000 株幼苗。

(五) 黑圆星茄子

黑圆星茄子属于中早期成熟品种,植株的高度为 80~90 厘米,幅度约为 80 厘米,果实接近圆球形,果皮黑紫色,单果重量约为 500 克,果肉为浅绿色,肉质鲜嫩结实,抗寒性强,可抗黄萎病,水肥利用率高,每亩地的产量约为 4000 千克。

二、长茄品种

(一) 韩国黑龙长茄

1. 特征特性　韩国黑龙长茄是一款适合在大棚耕种、露地早熟类的栽培品种。其果实长 25~30 厘米,呈现长条状,具备长势旺盛、坐果力强、在弱光条件下着色良好等特点。

2. 栽培要点　选择 55~60 天的茄苗,真叶 7~8 叶时进行定植,株距、行距设计为 30 厘米×50 厘米。该品种的前期以及后期的产量都比较高,采收的时候需注意分批追肥,这是一种高秧长茄类型,植株过密会造成产量下降。

3. 适应区域　适用于东北地区的种植。

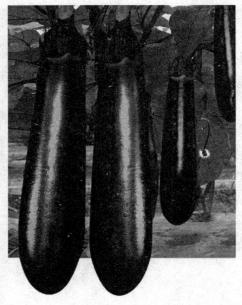

（二）辽茄4号

1. 特征特性　该品种植株高达52.2厘米，开展度66厘米，门茄生长在植株6节以上。果实与棒槌类似，长度约为18厘米，直径约为6厘米，果皮为紫色偏黑，有光泽，果皮较薄，果肉很松软，单果约重160克，早熟品种，可抗黄萎病和绵疫病，亩产在3000~4000千克。

2. 栽培要点　适合冬春设施、春季露地栽培。

3. 适应区域　适用于辽宁地区的种植。

（三）沈茄1号

1. 特征特性　该品种植株约高65厘米，开展度50厘米。具备株型紧凑、生长强势的特点。首花开在植株9~10节，果实长约25厘米，直径约4厘米，单果约重200克，果皮紫色偏黑，有光泽，果肉为白色，少籽，质量好。属于早熟品种，其前期的产量比较高，大约占到总体产量的一半，每亩前期的产量约为2000千克，总产量可达4000千克以上。该品种可抗黄萎病，对水肥的要求不高。

2. 适应区域　适用于辽宁地区的种植。

（四）长茄1号

1. 特征特性　该品种植株高90~100厘米，开展度约为60厘米，首花生在第 8~9 节。果实呈细长形，有鹰嘴，长 20~24 厘米，直径约为 6 厘米，单果重 150~250 克。果实呈黑紫色，有光泽，肉质较嫩，可长久贮藏。该品种耐热、抗低温、抗黄萎病，不过在种植后期容易患绵疫病，在内蒙古自治区种植的长茄 1 号属于中晚熟品种。

2. 栽培要点　适用于设施和露地栽培。

3. 适应区域　适用于内蒙古自治区哲里木盟以及黑龙江省佳木斯地区的种植。

(五) 新济杂长茄九号

1. 特征特性　该品种属于中早熟类型，耐低温、抗弱光，生长强势，花蕾首次开在 8~9 片真叶上，每隔 1~2 叶开一朵花，果实呈长棒状，萼片为紫色，果长约为 28 厘米，直径约为 8 厘米，单果约重 400 克，果实紫色偏黑，有光泽，没有青头顶，适合贮运，质量佳。

2. 栽培要点　适用于冬季暖棚、拱圆棚以及秋后延迟栽培，每亩适宜栽培 2000~2200 株，约施有机底肥 8 立方米。

3. 适应区域　适用于山东地区的种植。

三、卵圆形茄品种

(一) 济丰 3 号

1. 特征特性　该品种属于中晚熟类型，植株约高 1.6 米，开展度为 1.2 米左右，生长强势。首朵花蕾出现在第 9 节左右，果实呈卵圆形，长 20~25 厘米，直径约为 11 厘米。果皮紫黑色，有光泽，单果重750~1000克。果肉细密,有甜味,质优,商品性能好,适宜运输,耐热、抗水涝、抗病、适应能力强。每亩可产6000千克以上。

2. 栽培要点　每亩宜栽1000株左右,适用于露地和秋延后的栽培。

3. 适应区域　适应于黄河流域的种植。

(二) 94-1早长茄

1. 特征特性　该品种植株高约70厘米,植株幅度约为80厘米,首朵花长在第6~7节的上方。果实呈椭圆形,果皮黑紫发亮,果肉致密,种少质优。属于早熟类型,抗低温,耐弱光,单果重量约为300克。

2. 栽培要点　适用于春季设施栽培。

3. 适应区域　适应于山东地区的种植。

(三) 西安绿茄

1. 特征特性　该品种属于中早期成熟类型，植株生长强势，首朵花生长在7~8节的上方。果实呈卵圆形，果皮为绿色泛光，果肉紧密，为浅绿色，适宜运输。单果重量为300~500克，每亩约可产4000千克。耐低温，抗病性不突出。

2. 栽培要点　适用于露地和早熟种植。

3. 适应区域　适用于山西、河南等地区的绿茄种植。

(四) 辽茄五号

1. 特征特性　该品种属于中早期成熟的类型，从播种到第一次收割约为110天。植株生长强势，高约70厘米，开展度约为60厘米。其叶片、叶柄以及叶脉都是绿色，两性花，始花生长在7~8节，花冠浅紫色，五裂，果实呈椭圆形，纵向直径18厘米，横向直径6.5厘米，单果平均约重300克，果皮油绿而泛光，果肉呈现白色，千粒种子重约5克，其蛋白质和维生素C含量比较高，质量优良。可抗黄萎病以及绵疫病，每亩可产5000千克左右。

2. 栽培要点　栽培茄子不适合连作与迎茬，一般适于5年以上的轮作，对于同科不同种类的作物可以进行3年以上的轮作，其中嫁接栽培也可以预防黄萎病；在沈阳地区的温室育苗中，应选择苗龄约为80天的品种，露地栽培中每亩应保证幼苗种植约为3000株；大棚栽培中需要采用双干整枝的方法；由于本品种水肥需求量大，所以在其生长的中后期应该加强水肥的管理，从而保证茄子的产量以及质量。

3. 适应区域　适用于辽宁地区的种植。

第二章 现代化的茄子育苗

第一节 有土育苗技术

一、营养土的配制与消毒

有土育苗技术主要是利用床土培育幼苗。苗床应该选择地势高、水位低、排水好、土地肥沃的地方，整地之前先清理干净地表的残枝败叶，如果能够使用无病的新土或者大田土更佳，利用旧苗床床土的时候必须使用药剂进行消毒处理。把苗床分成周围是10厘米的高埂，中间是平整低凹的畦面，宽1.2~1.4米（方便工人工作），长度不超过10米或者根据温室而定。苗床土应该是疏松肥沃的土壤，每平方米施腐熟的有机肥（牛、羊、猪粪）4~7千克，复合肥（15-15-15）25克，把有机肥料翻入畦底，把复合肥和土壤混合充分。然后把苗床里面的土壤打碎，直至变成直径小于0.55厘米的颗粒，畦面用木板刮成水平，防止出现高处少水、低处积水的现象。在使用苗床土之前应该保证其中没有杂草，否则在播种的时候进行除草容易牵连茄子苗，伤及茄苗根部。如果前期无法避免杂草，应事先进行人工除草。

育苗营养土的配制是培育茄子壮苗的重要环节之一。以下是几种配制育苗营养土的配方：

（1）肥沃的田园土、腐熟牛粪的比例为6∶4。配制好之后在每立方米床土中另外加入1千克过磷酸钙、30~50千克腐熟过筛的有机肥。

（2）草炭土、腐熟牛粪、田园土以及腐熟有机肥的比例为4∶3∶2∶1。

（3）腐熟牛粪、田园土、炉渣以及腐熟有机肥的比例为4∶2∶2∶2。

（4）田园土、腐熟牛粪、腐熟有机肥以及炉渣的比例为5∶2∶1.5∶1.5。

（5）田园土、腐熟牛粪以及腐熟有机肥的比例为6∶3∶1。

（6）田园土和腐熟有机肥的比例为6∶4。配制好之后的床土每立方米另外加入1千克复合肥。

上述所用的田园土要求是3年没有种过茄科作物（辣椒、茄子、番茄等）的土壤，同时应该保证土壤中没有根结线虫，没有使用过除草剂、多效唑，种植过葱蒜类蔬菜的田园土更好。

在配制营养土的过程中，应该按照配方的比例，不能盲目增加化肥量。有机肥料应该选择腐熟的，以防肥料发热烧苗。同时，苗床内部最好不使用硫酸铵、碳酸氢铵这些氮素肥料，以防肥料分解释放的氨气造成秧苗损伤。营养土必须混合充分，搅拌均匀。床土要求没有害虫病菌，含有丰富的矿物质和有机质，具备良好的通透性以及保温、保水、保肥的能力。配制完的床土，如果用于播种，可以直接撒入苗床，压实，保证厚度约为7厘米；或者装到营养钵里面，一般装到营养钵上沿1厘米以下就可以。如果是分苗床，苗床在摊平踏实以后的厚度应该高于10厘米。

老菜区在配制床土的时候,为了防止床土带有病菌,必须对床土进行消毒。以下是常见的消毒剂和消毒方法:

(1)甲醛消毒。将40%甲醛加水配制成100倍液喷洒床土,1千克40%的甲醛可以喷洒4~5立方米的土壤,甲醛喷洒完后拌匀床土,在土堆上面覆盖上塑料薄膜闷5~7天,等到充分杀死床土里面的病菌以后再揭开膜,经过大约10天,等土壤内的药味散发干净后就可以使用。这种方法可以用来防治茄子的猝倒病和立枯病。

(2)65%代森锌可湿性粉剂消毒。每立方米床土使用100克65%代森锌,搅拌均匀之后再用塑料薄膜覆盖2~3天,撤出薄膜后等药味消失时即可使用。这种方法可以防治苗期茄子的猝倒病以及菌核病。也可以使用100克50%的多菌灵可湿性粉剂对每平方米的床土进行消毒。

(3)高温消毒。在夏季高温季节,对于大棚或者温室中的床土,可以将其摊平,约至10厘米厚度,关闭所有的通风口,中午时棚室里面的温度可以达到60℃以上,用这种方法持续4~5天,就可以消除床土里面的一些病原菌。

(4)蒸汽消毒。有蒸汽来源的地方可以利用蒸汽进行床土的消毒。把床土的温度提升到90~100℃的条件下处理30分钟,可以防止茄子猝倒病、立枯病、菌核病以及病毒病。

二、茄子生产的冬春季育苗

(一)播种

首先要依据品种的特征特性、当地的气候条件和设施条件确定定植期，再依据茄子的适宜苗龄（苗龄过大易形成老化苗，过短则达不到所要求的生长发育程度）推算出播种期。一般来说，在适宜的条件下，早熟品种的最适苗龄65~75天，中熟品种80天左右，晚熟品种90天左右，用种量为每亩50~70克。一般在12月中旬至翌年的1月上旬播种。

冬春季播种宜选在晴天进行。播种前苗床土用清水充分浇透，待水渗完后，将露白种子均匀撒播，每平方米播种10~15克，播完后覆过筛细土，厚约1厘米，用地膜紧贴地面覆盖好，四周压紧，不留缝隙，在出苗前无须浇水。

(二) 播种床的管理

冬春季育苗正处在严寒季节，各种育苗设施要盖严保温，电加温温床要通电升温，有辅助加温设备的日光温室可适当加温，以保证出苗所需的热量。

1. 温度管理　播种后保持白天气温28~30℃，夜间保持在18~20℃，5~6天后即可出苗。开始出苗后，应随时注意棚室内温度变化，以防烧苗。当中午气温较高时，用竹竿平放在膜下面，使膜与苗之间有2~3厘米高的空间。当出苗80%时，搭起50厘米高的小拱棚，每畦1个拱棚，以降低地面的温度和湿度，避免长成高脚苗。上午9~10时揭开草苫；下午5时以后在小拱棚膜外加盖厚草苫，提高棚内温度，防止夜间低温冷害。如果连续几天低温，可在上午11时以后将小拱棚两端中避风一端的膜略微掀起，通风换气10~30分钟，下午2时将草苫盖在棚膜上。随着幼苗长大，白天应将通风换气时间逐渐加长，通风量也逐渐加大，通过半掀或全掀一端或两端的膜进行调节。在棚内气温与棚外气温相同时（上午11~12时），先将拱棚两端中的膜掀起一半，外界气温逐渐升高后将两端膜同时掀起,通风降温。白天棚内最高温度不高于32℃,夜间不低于10℃,极端低温不低于5℃。

子叶至真叶破心期不易徒长,直至分苗前,维持18~20℃低温,白天气温25~28℃,夜间15~17℃,不能低于15℃。如果床土过干,可浇1次水。平时以保水为主,防止低温多湿引起猝倒病的发生。

2. 肥水管理　出苗后苗床不可多浇水,宁干勿湿,避免浇水过多引起低温高湿,不利于幼苗生长。如缺水可浇小水,结合浇水可施少量复合肥,浇水宜选在晴天上午10~11时进行。如果茄苗叶片有发黄现象,说明缺肥,应缩短施肥间隔期。土壤过干或苗略萎蔫时,选在晴天的早上、下午或阴天中午用喷壶喷施适量清水,气温过低时不能喷水。

3. 病虫草害防治　结合每次施肥或浇水人工拔除杂草,及时喷施杀菌、杀虫剂,应避免中午气温最高时喷施,以免造成药害。可选择百菌清800倍液、甲基托布津800倍液、杀毒矾500倍液等广谱性杀菌剂防治猝倒病等苗期病害。可选择阿维菌素等杀虫剂防治斑潜蝇。苗长至2叶1心时即可分苗。

(三) 分苗

分苗的作用在于改善幼苗的土壤营养条件和光照条件,确保幼苗的正常生长,同时也有利于淘汰弱苗、病苗、杂苗,使幼苗生长整齐一致。分苗宜小不宜大,有利于提高成活率,一般在2叶1心时。分苗前要低温炼苗2~3天,分苗方法有苗床分苗和营养钵分苗2种。分苗到苗床上时,苗距为(8~10)厘米×10厘米。分苗到营养钵最好,要求钵的上口径要达到9~10厘米。

分苗宜选择"暖头寒尾"的晴天进行,尽量争取分苗后有数天温暖的日子,至少有3个晴天。分苗前1~2天要浇"起苗水",以减少起苗时伤根。分苗时，要注意栽苗深度，以子叶露出床面为宜。营养钵分苗一般一钵一苗。苗床分苗时用小铲开一个深4~6厘米的沟，按8~10厘米距离摆放幼苗，封少量土以压根，然后浇水，待水下渗后，再封土，以子叶刚露出地面为宜。

(四) 分苗床的管理

根据分苗后幼苗的生长状况和栽培管理的特点，可把分苗床管理分为缓苗期、幼苗旺盛生长期和炼苗期3个阶段。

1. 温度管理　分苗后1周称为缓苗期，此期可保持较高温度，以利于生根缓苗，一般地温18~20℃，气温白天保持在28~30℃，夜间20℃左右，如果地温低于16℃，则生根缓慢，长期低于13℃，则停止生长，甚至死苗。

缓苗后至成苗期进入旺盛生长期，茄苗容易发生徒长，此期温度要适当降低，苗床温度可比前期稍低些。主要降低气温，一般白天20~25℃，夜间15~18℃，以保持秧苗健壮，防止徒长。棚内温度超过30℃可适当揭开部分薄膜通风降温，下午5时前后要关闭风口。

定植前为增加幼苗对早春低温、干旱等不良环境的适应性，提前10天左右开始低温炼苗，白天温度降至15~20℃，夜间10~12℃，在秧苗不受冻的情况下，夜温可尽量低些。低温炼苗要逐步进行，以免幼苗受冻害或冷害，低温锻炼时，白天逐步揭开覆盖物，逐步加大通风量，定植前3~5天夜间去除覆盖物，使幼苗处于与露地一致的环境下，不可使温度骤然降低。如果是小拱棚春提早栽培或大棚早春栽培，定植地环境条件较好，可不强调炼苗。

2. 肥水管理　分苗后到新根长出以前，一般不浇水，心叶开始生长后，可根据床土墒情于晴天上午浇水。幼苗定植前15~20天，可结合浇水追 1 次速效化肥，如使用硝酸铵与磷酸二氢钾 2∶1 混合 500 倍液浇灌苗床。每次浇水后要给苗床适当松土，但注意不可伤及根系。如果采用营养钵分苗，应旱了就浇，控温不控水，浇水后也无须中耕。成苗期叶面喷施速效肥料则有明显壮苗作用。

3. 光照管理　分苗后的 2~3 天，在中午光照较强时，盖花苫进行短时间遮光，以防幼苗失水萎蔫，造成缓苗时间过长。缓苗后，由于分苗床更需充分见光，设在温室或大棚内的苗床的棚膜必须在白天尽量揭开，特别是阴天时，只要温度适宜，不会发生冻（冷）害的情况，就要揭开膜进行见光。

4. 囤苗　采用苗床分苗法，定植前必须用栽铲将苗土切开进行囤苗。方法是在定植前 4~6 天，浇水切坨起苗，将苗坨就地码放整齐，土坨之间要撒些细湿土填缝，以减少水分蒸发。囤苗期间，幼苗断根处可萌发许多新根，定植后新根继续生长，可加快缓苗。囤苗时间不宜过长，否则土坨干硬，使根系老化，叶片脱落，起不到囤苗的作用。营养钵分苗，应在定植前 2~4 天浇 1 次水，定植时做到不散坨，避免伤根，以保证秧苗质量。

(五) 防止分苗时死苗的措施

提高床土温度，保证幼苗对温度的需求，床土温度不低于 13℃。保证配制床土（营养土）时所用的农家肥是已充分腐熟或是放置多年的陈粪，并要过筛拌匀。起苗时尽量多带土，少伤根，随分随起，不要一次多起苗而长久放置。分苗时边分边覆盖小拱棚膜并加盖花苫。在分苗前，将分苗床药剂处理，每平方米苗床用 10 克苗菌敌，以消灭床土中的病害虫源。

三、茄子生产的夏秋季育苗

夏秋季育苗，由于受高温、强光、暴雨、病虫害高发等众多不利因素的影响，对培育茄子壮苗极为不利，而秋茬、秋延后栽培，均需在夏季育苗。培育高质量的茄子秧苗，必须掌握以下关键技术。

（一）苗床准备

1. 苗床选择　夏季育苗床应选择地势平坦高燥、排水良好、土壤肥沃的壤土地。

2. 营养土的配制　先用肥沃且3年内未种过茄科作物的田园土，将充分发酵腐熟的有机肥过筛后，按土肥比6∶4的比例混合均匀。然后，在每立方米营养土中掺入50%托布津或多菌灵80克或2.5%美曲膦酯80克，以杀灭病虫。然后将配制好的营养土填装入塑料钵或纸钵中。

3. 苗床制作　夏季育苗最好采用高畦，畦高一般为5~10厘米，宽约1米，畦面要平整。做好畦后，将塑料钵或纸钵排于畦上，钵与钵之间用细沙填实。最后，于苗床四周挖好排水沟。

（二）播种技术

1. 种子处理　夏季育苗易发病，必须做好种子消毒工作，以免种子带病，种子消毒可用10%磷酸二氢钠溶液于常温下浸种20分钟或用1%高锰酸钾溶液浸种15分钟，捞出后用清水冲洗干净，然后催芽。也可以不催芽，清水浸种后，可用70%敌克松粉剂拌种，用药量为种子量的0.1%~0.3%，拌完后即可播种。

2. 选好播种时间　夏季育苗，要根据品种的特性，选好播种时间,以免幼苗出苗即遇高温、暴晒。让幼苗出土恰好在傍晚,这样经一夜生长,白天对高温、强光耐性相对强些。

3. 精细播种　在播种前1天下午或当天上午灌足底墒水,播种时,在营养钵中央挖0.3~0.5厘米深的一个浅穴,每穴播3~4粒种子,随即在种子上面撒一层细湿土,把种子盖上。如果未采用营养钵育苗的,待苗床播种完毕,均匀撒盖细湿土,覆土厚度为1~1.5厘米。播种后,在苗床上每隔1米左右插一拱杆,做成小拱棚,上覆银白色或黑色遮阳网,既可减轻强光高温危害,又能避蚜,减少病毒传播。同时,要备好塑料薄膜,在暴雨到来前及时覆盖,以防雨水击打苗床或幼苗。

(三) 苗床管理

1. 及时间苗、定苗　夏季温度高,若秧苗拥挤,非常容易徒长,所以要及时间苗、定苗,每钵选留1~2棵健壮秧苗。夏季所用营养钵直径可适当大一些,一般选用10~15厘米的。

2. 适当遮阴　夏季光照过强,容易使茄子幼苗灼伤,前期适当在防虫网上遮花荫,后期逐渐减少遮阴物。

3. 覆盖薄膜和防虫网　在暴雨到来之前,及时盖好塑料薄膜,要盖严压实,暴雨过后及时揭除。防虫网早期要全部覆盖,后期可视天气逐渐卷起。

4. 控制水量,防止徒长　夏季温度高,若水太多,幼苗极易徒长,所以应控制浇水。做到不旱不浇,旱时喷洒轻浇,保持苗床见干见湿。苗床喷水后及时封土,以降低湿度,减轻病害。关注天气变化,大雨将至时盖膜防雨,并利用苗床周围排水沟及时排水,严防苗床积水。

5. 及时喷药,防蚜防病　夏季蚜虫危害严重,如不及时防治,易引发病毒病，所以应给予足够重视。若有蚜虫发生，可用灭扫利乳油、功夫乳油、天王星乳油等药剂防治。喷洒时，应注意使喷嘴对准叶背，将药液尽可能喷射到蚜体上。

在夏季，苗期最易发的病害是猝倒病、立枯病和病毒病，要及时防治。对于猝倒病、立枯病，可用72.2%普力克水剂800倍液或15%恶霉灵水剂450倍液等药剂防治。对于病毒病，除防治蚜虫外，可用20%病毒A可湿性粉剂500倍液或1.5%植病灵乳剂800倍液等药剂防治。

6. 适当化学控制 由于夏季高温不利于茄子的花芽分化，可适当进行化学控制。茄子可在3片真叶期喷100毫克/千克助壮素或1000毫克/千克矮壮素，7天1次，共喷2次。

7. 及时倒钵 在定植前10~15天倒钵1次，适当加大钵间距离，促苗健壮。

第二节 无土育苗技术

穴盘育苗是用穴盘作为育苗容器，以草炭、蛭石等为育苗基质的一种无土育苗方式。穴盘育苗一次成苗而无须分苗，由于所用育苗盘是分格的，播种时一穴一粒，成苗时一穴一株，植株根系与基质紧密结合在一起，根坨呈上大下小的塞子状。

育苗量较少时，只需基质和穴盘，用苗量大时，可进行工厂化育苗。穴盘育苗省时、省工、省力，适于工厂化、商品化生产。穴盘苗的苗龄虽短，但由于基质、营养液等均实行科学配方、规范化管理、一次成苗，所以苗的质量高，根系发达，茎粗壮，叶片厚，生命力强，定植后缓苗快，成活率高。

（一）穴盘育苗设备

1. 穴盘　定型塑料制品，其上有很多小穴，小穴上大下小，底部有小孔，供排水通气，每穴 1~2 株幼苗。常用规格为 72 孔（4 厘米×4 厘米×5.5 厘米）。

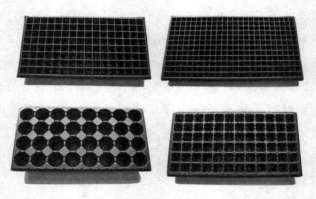

2. 基质　可用多种基质育苗，如蛭石、珍珠岩、煤渣、炭化稻壳、草木灰、锯末、草炭等。但最常用的基质为蛭石、珍珠岩、草炭。基质材料可单独选用，但最好是按适当的比例将 2~3 种基质混合使用。茄子一般采用的草炭、蛭石比例为 3∶1，每盘基质中加肥料量为尿素 6 克、磷酸二氢钾 8 克、腐熟鸡粪 40 克。播种后，在种子表面覆盖蛭石，既能保湿，通气性又好，利于发芽。

3. 精量播种系统　机械化工厂育苗可采用精量播种机，它是工厂化育苗生产线的核心。根据播种机作用原理的不同，可分为真空吸附式和机械转动式两种。前者对种子粒径大小没有严格要求，可直接播种，但价格较贵，效率低。后者对种子粒径的大小和形状要求比较严格，播种之前必须把种子丸粒化（种子表面包裹肥料、农药等物质，做成大小一致的丸粒），但价格便宜，比较适合我国国情。

4. 催芽室　工厂化育苗时，还需要有催芽室。由于穴盘育苗是将裸粒或丸粒化种子直接播进穴盘里，在冬春季节，为了保证种子能迅速、整齐地萌发，通常先把浇透水的穴盘放进催芽室催芽，将盘与盘呈"十"字形摞放在床架上，催芽室要保持较高的温度和湿度。当苗盘中 60% 左右的种子出芽，少量拱出基质表层时，即可把苗盘转入育苗温室。低温季节育苗，如果没有催芽室，可在温室内搭拱棚。

（二）穴盘育苗技术要点

1. 基质装盘　将基质按预定比例混合均匀，装入穴盘，表面用木板刮平。而后将装好基质的 7~10 个穴盘叠放在一起，用双手摁住最上面的育苗盘向下压，让上边穴盘的底部在其下面穴盘基质表面的相应位置压出深约 0.5 厘米的凹穴。

2. 种子处理　播种前浸种催芽。将种子置于 25~30℃ 的温水中浸泡 20 分钟，使种子表面的病菌吸水萌动，这样在以后的高温中更容易将其杀灭。而后将种子置于其体积 6~7 倍的 55~60℃ 的热水中，保温 10~15 分钟后加入凉水，使温度迅速下降，保持 25~30℃，浸种 12~24 小时。将种子捞出，沥出多余水分，用湿纱布包好，置于 28~30℃ 的发芽箱中（无发芽箱时也可利用电热毯、火炕、暖水瓶、暖气等热源）催芽。每天温水冲洗 1 次，洗去种子表面的黏液，带入新鲜空气。2~3 天后，有 50% 的种子发芽即可播种。有的种植者不进行催芽，以保持种子较高的发芽势，效果也较好。

3. 播种与苗期管理　每穴播种 3~4 粒，覆盖蛭石，再用木板刮平。用喷壶浇透水，而后覆盖地膜或报纸，减少水分蒸发。苗床温度白天保持在 22~25℃，夜间 15~18℃。出苗后及时除去覆盖物，防止幼苗徒长。当幼苗长到 2 片真叶时，及时间苗，当苗高 15~20

厘米时，每穴留1株健壮幼苗，多余的幼苗用剪刀从茎基部剪断。注意调节温、湿度，尤其要保证光照充足，防止徒长。整个育苗期要注意防治病虫害和进行苗期锻炼，为防止病毒病，应在苗期防治蚜虫，并用病毒A喷施1~2次，用速灭杀丁500倍液防治斜纹夜蛾，喷施次数视虫害程度而定。

4. 营养液管理　育苗期间营养液供应对幼苗的生长发育影响很大，要进行科学的管理，确保幼苗对养分的需求。育苗用营养液可采用育苗专用营养液配方。

要控制供液量和供液浓度，出苗后及时喷洒营养液，要勤浇少浇，后期逐步恢复为标准浓度。还可用复合肥（氮、五氧化二磷、氧化钾含量比例为15∶15∶15）配成的营养液，在子叶期，可用0.1%浓度，第一片真叶出现后浓度提高至0.2%~0.3%。注意调整pH值，pH值以5.8~6.5为宜。

供液和供水相结合。夏季气温高，每天喷水1次，每隔1天喷肥1次。冬季每2~3天喷1次水或营养液，水和营养液交替喷洒。此外，整个育苗期都要注意观察和防止缺素症。

第三节　嫁接育苗技术

茄子不能重茬栽培，如果重茬栽培，土传病害如黄萎病、枯萎病等危害严重。轮作倒茬要求间隔年限较长，因为黄萎病菌能在土壤中存活5~8年。采取茄子嫁接育苗栽培技术，特别是温室栽培，能有效地防止土传病害的发生，解决茄子栽培不能连作的难题。嫁接栽培茄子根系发达，植株亲和力强，生长势强，植株健壮，长势旺盛，具有高抗茄子枯萎病、黄萎病、青枯病、根结线虫病等病害，抗重茬，品质好等特点，还能减轻绵疫病、褐纹病的发生，嫁接植

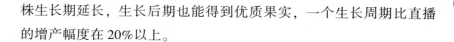

株生长期延长,生长后期也能得到优质果实,一个生长周期比直播的增产幅度在 20% 以上。

一、优良的砧木品种

(一) 平茄

又称赤茄、红茄,是应用较早的砧木品种,主要抗枯萎病,中抗黄萎病(防效可达 80%)。种子易发芽,幼苗生长速度同一般栽培品种的茄子,嫁接成活率高,用平茄作砧木,需比接穗早播 7 天。土传病害(黄萎病)严重地块,不宜选用该品种作砧木。

(二) 刺茄

也称 CRP,因茎、叶上着生刺较多而得名。刺茄高抗黄萎病(防效在 93% 以上),是目前北方普遍使用的砧木品种,种子易发芽,浸泡 24 小时后约 10 天可全部发芽。刺茄较耐低温,适合秋冬季温室嫁接栽培,苗期遇高温高湿易徒长,需控水蹲苗,使其粗壮,用刺茄作砧木需比接穗早播 5~20 天。

(三) 托鲁巴姆

该砧木对枯萎病、黄萎病、青枯病、根结线虫病 4 种土传病害达到高抗或免疫的程度。托鲁巴姆根系发达,植株长势极强,节间较长,茎及叶上有少量刺,种子极小,千粒重约 1 克。种子在一般条件下不易发芽,需催芽。用 100~200 毫克/千克赤霉素浸种 24 小时,再用清水洗净,放入小布袋内催芽,应注意保温、保湿。催芽播种需比接穗提前 25 天,如浸种直播应提前 35 天。幼苗出土后,初期长势缓慢，3~4片叶时生长加快。

（四）圣托斯

该砧木易发芽，生长健壮，亲和力高，成活率高，嫁接后茄子生长健壮，高抗黄萎病、青枯病和根结线虫病等土传病害，结果期延长1~3个月，产量是直播苗的2倍，对茄子品质无影响，砧木比接穗提前25~30天播种。

以上介绍的几种砧木，对于生产常用茄子品种作接穗，亲和力均较强，嫁接后一般7~10天伤口就能愈合，砧木对接穗的要求不严格。嫁接后接穗种性不变，茄子品质不变，商品性更好，主要是不受病害危害，果形正、亮丽。接穗选用当地的茄子为主栽品种。

二、茄子壮苗的培育

（一）播种期的确定

根据不同生产栽培方式（如露地、拱棚、温室）及当地气候条件确定播种期。要先播砧木后播接穗，参照自根（未嫁接）茄子苗龄，对不同砧木品种需要提前催芽播种，具体天数见砧木介绍，以便砧木、接穗的苗龄、茎粗互相匹配。

（二）种子和床土消毒

为防止种子带菌传病，接穗种子在浸种催芽时，要采用55℃温水浸种，或用50%多菌灵可湿性粉剂500倍液浸种2小时。为防止土壤带菌传病，接穗育苗床土要选择没有栽过茄科作物的大田土，床土消毒或采用无土育苗措施育苗，避免床土带菌传染病害。

（三）嫁接方法

嫁接前要做好准备工作，提前2天将砧木和接穗苗床浇足底水，并准备好足够的嫁接固定夹子及锋利的刀片（剃须刀片即可）。常用的嫁接方法有以下2种：

1. **劈接法** 当砧木长到6~7片真叶，茎粗0.5厘米，已经达到半木质化，接穗长到4~5片真叶时，即可进行嫁接。选茎粗细相近的砧木和接穗配对，在砧木2片真叶上部，用刀片横切去掉上部，再于茎横切面中间纵切深1~1.5厘米的切口。取接穗苗保留2~3片真叶，横切去掉下端，再小心削成楔形，斜面长度与砧木切口相当，随即将接穗插入砧木切口中，对齐后，用固定夹子夹牢，放到苗床地上。

2. **贴接法** 砧木和接穗大小与劈接法相同，先将砧木保留2片真叶，去掉上部，再削成30°角斜面，斜面长1~1.5厘米。取来接穗，保留2~3片真叶，横切去掉下端，也削成与砧木大小相同的斜面，二者对齐、靠紧，用固定夹子夹牢即可。

（四）嫁接苗的管理

为了促进接口快速愈合，提高茄子嫁接苗成活率，必须为其创造适宜的温度、湿度和避光等条件。

1. **保温** 嫁接后伤口愈合适温为25℃左右。因此，苗床温室在3~5天内白天应控制在20~30℃，最好不超过30℃；夜间保持在15~20℃，不能低于15℃。可在温室内架设小拱棚保温，高温季节要采取降温措施，如搭棚、通风等办法降温。3~5天以后，开始放风，逐渐降低温度。

2. **保湿** 伤口的愈合还需要较高的空气湿度，以免叶片蒸腾失水，引起植株萎蔫，降低成活率。因此，保湿是嫁接成败的关键。要求嫁接后3~5天内，小拱棚内的相对湿度控制在90%~95%，4~5天后通风降温、降湿，但也要保持相对湿度在85%~90%，若达不到，可向苗床地补水保湿。

3. 遮光　目的是减少叶片蒸腾，保持湿度，避免接穗萎蔫，增加成活率。可用纸被、草帘等覆盖在小拱棚上，阴天不用遮光。嫁接后的3~4天内，要全部遮光，第4天开始早晚给光，中午遮光，以后逐渐撤掉覆盖物。温度低时，可适当早见光，提高温度，促进伤口愈合；温度高的中午要遮光。经过10~15天，接口全部愈合后，撤掉固定夹子，恢复日常管理。嫁接苗砧木经常长出侧芽，应及时抹掉，但要离地面稍高一点，以免土表病菌溅到伤口上，使伤口感染病菌。嫁接茄苗定植后，砧木仍会长出一些侧枝，应经常进行田间检查，随时抹掉，也要避免伤口感染病菌。

三、嫁接育苗的定植

嫁接后30~40天，接穗长5~6片叶时即可定植。定植时注意嫁接刀口位置要高于畦面一定距离，以防接穗受到土壤中土传病菌的感染。定植时覆土不可超过接口，否则接穗长出不定根，失去了嫁接防病的作用。茄子嫁接苗根系发达，产量高，需水需肥量大，要加强水肥的管理。砧木虽然有较强的抗病能力，但也应避免过分连作，应采取各种栽培措施防病，降低田间病菌和线虫密度，改善土壤环境条件。

第三章 高效益的茄子栽培

第一节 准确的栽培管理

在茄子生产过程中,常存在以下误区。

1. 施肥重,长得快,结果多　茄子正常生长所需的土壤全盐含量浓度为2000~3000毫克/千克,超过6500毫克/千克,根系会出现反渗透导致枯死,产量自然会下降或生长不好。特别是温室内温度高,湿度大,有机肥分解快,磷有效性比露地高2~3倍。氨挥发量大,施肥过量极易引起肥害。

对策:

①种过3年以上茄科作物的温室,有机肥控制在5000千克以内,化学肥料施入后掩埋。

②含盐浓度高的地块,要注重施牛粪、腐殖酸肥和EM菌肥,以提高土壤碳氮比,松土透气,解盐降肥害。

③补充硼、锌、镁等平衡土壤营养。

2. 苗多产量高　据测定,每平方米栽2株茄子,其植株营养消耗光合产物占50%,果实占50%;如果每平方米栽4株,其营养体消耗光合产物占70%~80%,果实占20%~30%。因此,过度密植植株容易徒长，通风透光差，植株抗病虫能力降低，易染各种真菌、细菌性病害，产量降低。

对策：

①越冬茬栽培茄子以合理密植为好。

②为了充分利用空间，可采取前期密植，中期疏株，后期疏枝的管理办法，以叶枝不拥挤为准，来提高总产量和总效益。

3. 温度高，长得快　茄子对温度上限要求为32℃。温度过高，则呼吸作用增强，生理活动紊乱，抑制坐果，会出现果实断层，植株徒长，营养生长和生殖生长失衡，产量反而会下降。

对策：

①温室设置2道放风口，遇高温时及时降温。

②严格按茄子各个生长阶段所需温度和各个器官生长期适温要求管理，防止高温长枝不长果。

4. 植株长得旺就是长势好　其实水多叶旺根必浅，植株吸收的营养不全；同时，旺长造成株行间郁闭，通风透光差，影响生殖生长，开花、坐果率下降，产量反而降低。

对策：

①在幼苗期掌握植株地上部适当小些，根系则要求发达，控水控温促根，使光合产物60%左右转移到地下部，中、后期地下和地上吸收量各占50%。

②前期营养生长与生殖生长消耗营养量比例为6∶4，中期营养生长与生殖生长消耗营养量比例为1∶1，后期营养生长与生殖生长消耗营养量的比例为（4~3）∶（6~7），即保证前期有一定的同化叶面积，后期控制植株生长以促果，提高产量。

5. 勤喷药则病害少　很多菜农在茄子的生长中后期，隔2~3天喷1次药，认为药打得勤就可防止病害蔓延。实际上茄子生长中后期勤打药，既会干扰作物正常合成碳水化合物的运作，又不利于植物产生抗生素，抗病能力反而下降。

对策：

①将病认准，对症下药。最好是选含铜、含锌剂，既能杀菌，又能增强植株抵抗病菌侵入能力，促进作物生长。

②改善生态环境。湿度大，株数多，枝繁叶茂，通风不良，天天喷药效果也不见得好，应摘除下部老叶、病叶，提高株间的透光率，降低小环境内的湿度。

③对于土传病引起的死秧，应在苗期注重用药预防。如果忽视病源，苗期染病，后期发作，病菌已侵入植株体内，勤喷药也收不到很好的效果。

6. 茬次多，收入高　许多菜农认为茬次多，收获的产品则越多，效益则一定好，但结果往往是茬次过多，效果差，效益低。因为茄子有一定的生长规律，只有遵从这个规律才能收到良好的效果。

对策：

①利用越冬一大茬，以一年种一茬为好，春秋茬则以一年两作为宜。若利用茄子老株再生可续收一茬，价格低时拔秧晾地。

②每年在夏季留一段时间深翻雨淋降盐，晒垡杀菌，闷棚灭虫，熟化土壤，这样主茬茄子长得好，效益高。

7. 采收过早或过晚　茄子是以鲜嫩果实供采收，适时采收关系到茄果的品质和产量。采收太早，产量低，采收太晚则果皮坚硬，降低食用价值。门茄采收不及时，易形成坠秧，影响对茄的生长和发育。

对策：适时采收。判断茄子的适宜采收期，除看果实大小，还要看茄眼（萼片与果实相连处的有色环带）。如果萼片与果实相连处的白色或淡绿环比较明显，则表示果实正在迅速生长，组织柔嫩，不宜采收；若这条环带已趋于不明显或正在消失，表明果实的生长正转慢，接近停止生长，应及时采收。门茄宜稍提前采收，这样既可早上市，又可防止与上部正在膨大的果实争养分，以促进植株的生长和上部果实的发育，增加单株采收果数和单果重量，从而增加优质果实的产量，使经济效益显著提高。

第二节　安排茬口

（一）日光温室栽植冬春茬茄子

冬春茬茄子深秋播种，冬季定植，立春前后开始采收，7月上旬拔秧，生育时间多在冬季及早春。冬春茬茄子栽培，是茄子保护地栽培中难度最大、技术性最强的一茬。多在9月中旬在日光温室内播种育苗，11月下旬定植，春节前即可采收。日光温室冬春茬茄子采收期最长，产量高，产品季节差价较大，经济效益和社会效益明显。茄子对温度和光照要求严格，不是所有的日光温室都能栽培。到目前为止在北纬40°以北地区，只有北纬41°地区的辽宁省台安县，日光温室冬春茬茄子栽培面积较大，超过150公顷。台安县日光温室冬春茬茄子栽培的成功，首先是温室采光设计科学，保温措施有力，加厚了墙体和后屋面，前屋面除了加盖5厘米厚的草苫外，再加盖6~8层牛皮纸被。采用高垄覆盖地膜，夜间扣小拱棚，多层覆盖，遇到寒流强降温，在小拱棚上再盖防水保温纸被或麻袋。

（二）日光温室栽植早春茬茄子

日光温室早春茬茄子，育苗期在温度较低、光照弱、日照短的冬季，立春以后定植。定植后光照度增加，气温开始回升，日光温室内的气温和地温都较高,一般温室的温、光条件都能满足茄子生育的要求。因为这茬茄子的生育期较短,定植后环境条件比较适宜,所以需要培育大龄苗,以提早进入采收期。一般在11月中下旬播种。为创造有利于幼苗生长发育的条件,在温室中设置温床,培育壮苗,苗龄80~90天,秧苗已显蕾,并在花蕾下垂、含苞待放时定植。定植期在翌年2月上中旬。

因定植时秧苗较大,定植后的环境条件对茄子生育有利,至3月中下旬即开始采收,拔秧期与日光温室冬春茬茄子基本一致。

(三) 日光温室栽植秋冬茬茄子

日光温室秋冬茬茄子是在夏季育苗,秋季定植,深秋至冬季采收产品,供应期在露地茄子已经结束的深秋和冬季,与日光温室冬春茬茄子衔接。

于6月下旬至7月上旬播种,8月中下旬定植,9月下旬开始采收。日光温室的温光条件优越,可连续采收到翌年1月下旬。近年来有利用日光温室优越的温、光条件,将秋冬茬茄子于7月上旬播种育苗,8月下旬至9月上旬定植,采收期延续到翌年7月上旬,成为越冬一大茬栽培。

(四) 大、中棚栽植春茬茄子

大、中棚春茬茄子,定植期比日光温室春茬晚50多天,而拉秧期基本一致,所以应尽量提早扣棚,尽早定植,利用多层覆盖等方法,使定植后缓苗快,发棵早,缩短从定植到采收的时间。更重要的是要培育大龄壮苗。

大、中棚茄子可在温室内设置温床或架床育苗。1月中下旬播种,苗龄60~70天,3月下旬至4月上旬定植,5月下旬开始采收,

7月下旬结束。中棚空间小,热容量小,定植期可比大棚晚4~5天。但是中棚可以覆盖草苫进行棚外保温,因而定植时间也可比大棚早7~10天。

大、中棚茄子的定植期,由于地理纬度不同,春季温度回升的快慢也不同,所以,确定定植期应以棚内地温为根据。5厘米深土层地温稳定通过12℃以上,外界气温稳定通过3℃以上时才可定植。

(五)小拱棚栽植短期覆盖茄子

小拱棚栽培茄子,属于露地提早栽培。定植初期小拱棚内具有温度高、湿度大、不受风害等优越条件,可使茄子秧苗早缓快发,达到提早采收的目的。

小拱棚茄子需要培育大龄壮苗。在小拱棚内5厘米深土层温度稳定通过12℃以上时定植,即在露地终霜前15天定植。播种期可由此向前推80~90天。在日光温室内设置温床或架床育苗,也可在露地设置苗床育苗,定植期前需严格进行低温炼苗。因小拱棚栽培茄子定植期较晚,小拱棚可先扣耐寒叶菜类蔬菜,待耐寒叶菜不需扣棚时,再转扣到茄子上,以提高小拱棚利用率,降低生产成本。小拱棚茄子定植后,扣棚到外界温度适合茄子的生育时,撤下小拱棚,转为露地栽培。

(六)栽植地膜覆盖茄子

地膜覆盖茄子栽培,与露地早熟栽培茄子的育苗和定植期完全相同,即必须在露地终霜后才能定植,并且需要设风障。

地膜覆盖茄子,定植后地上部没有保护条件,容易遭受春季的大风和干燥空气的影响,定植前应严格炼苗,使秧苗具有耐低温、抗风能力,定植后不会出现暂时萎蔫,缓苗快、发棵早。需要在温床播种，移植到小拱棚内育成苗。育苗小拱棚夜间覆盖草苫保温，适时通风炼苗。

利用改良地膜覆盖，可在终霜前10天左右定植，终霜后把秧苗引出膜外，转向露地栽培，进行正常管理。普通地膜覆盖的管理与露地栽培基本相同。

（七）栽植与水稻轮作的茄子

稻茄轮作是日光温室茄子栽培的一种轮作方式。在单熟制水稻产区是一项有发展前途的高效栽培形式。茄子不能连作，而日光温室隔4~5年轮作是不可能的，所以日光温室栽植的茄子黄萎病发生严重。辽宁省台安县是水稻产区，自20世纪90年代以来，实行稻茄轮作。在水稻收割后立即建竹木结构日光温室，选用早熟茄子品种，于10月上旬在温室或温床育苗，立春前后定植。定植和管理都与早春茄子相同，尽量培育大龄壮苗，定植后加强管理。6月中旬茄子拉秧后，立即灌水泡田插秧。水稻选用早熟品种（辽5号），其产量不低于一般水稻。由于茄子生产施肥较多，水稻不需施肥。10月上旬水稻收割后，重新建温室生产茄子。这种茬口安排，不但克服了黄萎病为害，还提高了土地利用率，有较好的经济效益和社会效益。现在辽宁省营口市和海城地区都在推广这种轮作方式。

（八）茄子轮作的原则

茄子病菌在土壤中存活的年限较长，造成的危害严重，因此通常轮作必须进行3年以上。

茄子不能和同科蔬菜进行轮作，因为它们具有相同的营养需求和相似的病虫害。在实际生产中安排茬口时应掌握以下原则。

（1）与吸收土壤营养不同、根系深浅不同的作物轮作。如与浅

根性叶菜类、葱蒜类等轮作。

（2）与互不传染病虫害的作物轮作，这样能使病虫失去寄主或改变生活条件，达到减轻或消灭病虫害的目的。茄子与小麦等农作物轮作，有利于控制土传病害，对防止茄子黄萎病是行之有效的措施。

（3）与能改良土壤结构、增强土壤肥力的作物轮作。如与豆科作物轮作。通过合理间作套种，能够充分有效地利用光能与地力、时间与空间，形成相互有利的环境，尤其是保护地茄子的合理间作套种在生产上有重要意义。

（九）茄子露地和保护地栽培茬口安排

茄子喜温怕热，怕霜冻，因此露地栽培时，只能在当地无霜期的季节里种植。露地栽培茄子根据播种期和栽培时间分为春露地栽培（春茬）和越夏栽培（夏秋茬）。

日光温室茄子主要分秋冬茬、越冬茬、冬春茬3个茬口，由于各地的环境条件、日光温室的设施状况以及市场情况的不同，应根据自己的实际情况安排好适宜的茬口。

越冬茬采果期最长，产量高，产品季节差价大，经济效益和社会效益明显。此茬茄子最早可在8月上中旬育苗，最晚在10月下旬播种，如果播种时间为后者，则在12月下旬定植，翌年3月上中旬开始采收，6月下旬至7月下旬拉秧。如果拉秧早，可加种一茬玉米，既可增产，又可利用玉米吸收土壤中多余的营养，尤其是氮肥，从而减轻或避免土壤盐渍化。

冬春茬育苗期处于温度偏低、光照弱、日照短的冬季，定植后环境条件比较适宜，所以此茬茄子宜定植大龄壮苗，使其提早进入采果期。一般于10月下旬至11月中旬播种，翌年2月中下旬定植，

3月下旬开始采收，7月底拉秧。如果采用遮光措施，可一直采收到10月下旬。

秋冬茬供应期在露地茄子结束的秋季和冬季日光温室茬茄子供应的衔接，市场价格高，经济效益明显。一般于7月上中旬播种，苗期较短，在7月底8月初定植，10月中旬采收，12月上旬至翌年1月拉秧。

大、中棚茬口：春茬在北方需提前80～90天育苗，中原地区单层覆盖大棚在3月中下旬定植，多层覆盖在3月上旬定植。南方地区一般在9月下旬至10月上中旬大棚冷床育苗，11月至12月初或翌年2月底至3月初定植，4～5月始收。

(十) 茄子连作的危害及减轻连作障碍的方法

1. 连作危害

（1）病虫危害加重。由于连作，土壤和茄子的关系相对稳定，极易使相同病虫大量积聚，加剧病虫害的发生，尤其是土传病害更为严重。如茄子的黄萎病、褐纹病、绵疫病、根结线虫病等。

（2）土壤化学性质变差。连作导致土壤产生盐分积累，而且由于茄子根系分布范围及深浅一致，吸收的养分相同，极易导致某种养分消耗量增加，造成该养分缺乏，如土壤缺钾、钙、镁、硼等。

（3）土壤酸化加重。由于菜农未按茄子需肥规律科学施肥，有机肥施用减少，化学氮肥用量增加，尤其是在保护地栽培的特定条件下，导致土壤酸化严重，影响茄子的正常生长，降低产品的品质。同时，施用酸性及生理酸性肥料都会降低土壤的pH值，如过磷酸钙本身就含有5%的游离酸，施到土壤中，会使土壤pH值降低。生理酸性肥料如氯化铵，施到土壤后茄子选择性吸收铵离子（NH_4^+），从而把茄子根际土壤胶体上氢离子（H^+）代换出来，使土壤酸度增加，长期大量偏施这些肥料，常导致土壤酸化。

另外，根系分泌的有害物质加重连作的障碍。

2. 减轻连作障碍的技术措施

（1）品种选择。选择抗病的茄子品种。

（2）嫁接育苗。有效地预防青枯病、黄萎病、根结线虫病等土传病害。

（3）调整播期。使发病盛期和病原物传染的致病期错开，达到减轻病害的目的。

（4）实行轮作。与3年以上未种过茄科作物的地块进行轮作。如北方将茄子与玉米、小麦轮作，可有效降低土壤盐分，使病菌失去寄主或改变生活环境，达到减轻或消灭病虫害的目的，同时可改善土壤结构，充分利用土壤肥力和养分。南方大棚茄子一单季杂交稻栽培模式，由于土壤经过长期淹水，既可使土壤病害及草害受到有效控制，又可以水洗酸，以水淋盐，以水调节微生物群落，防治土壤酸化、盐化。

（5）加强耕作。秋天深翻，有的病原菌翻入土中能加速病残体分解和腐烂，有的深埋入土中失去传染机会，表土干燥、风吹日晒、冰冻等使一部分病原物和害虫失去生活力。

（6）清洁田园。田间杂草、残株是一些病虫的初侵染源，应把初发病的叶片、果实或植株及时摘除或拔除，采收后，应把病残株烧毁或深埋。

（7）高垄栽培，合理灌溉。采用高垄栽培，合理浇水，能有效减轻枯萎病，传染概率也大大降低。

（8）合理追肥。在增施有机肥的基础上，合理施用氮、磷、钾肥料，提倡测土配方施肥，根据茄子的需肥规律及土壤供肥能力，确定肥料种类及数量，尽量减少土壤障碍。坚持基肥与追肥相结合，基肥要深施、分层施或沟施；追肥要结合浇水进行，推广叶面施肥技术。推广应用有机肥。要多用充分腐熟的优质畜禽粪等厩肥，厩肥一定要经过堆积发酵处理。有机肥和无机肥配合施用。无机肥料具有养分释放速效的特点，但是需要多次追施，而有机肥料保肥性比较好，可以缓慢释放养分，保证作物长期的养分需求。

（9）调整土壤的pH值。根据土壤的pH值，采取相应的调整措施，使其逐步达到或接近茄子所适宜的中性或偏酸性的范围。一是对pH值≤6的土壤，全面推行施用碱性或生理碱性肥料如草木灰、钙镁磷肥等，以中和土壤的部分酸性，提高pH值；二是对pH值≤5.5的土壤，每亩施生石灰50千克中和酸性，及时控制氮肥用量，降低土壤中硝态氮含量；三是对少数pH值>7.5的碱性土壤，可适量施用酸性肥料，使其接近或达到中性范围。

（10）使用重茬剂。如连作剂，每标准大棚（30米×6米）用量500克，拌入肥料中，按常规施肥法作为基肥或结合中耕追施可使茄子长势旺盛，有效冲销连作障碍，减轻重茬病发生，提高产量。

（11）生物防治法。一是土壤中可引入拮抗菌抑制病原菌扩展；二是土壤中接种有益微生物分解有毒物质；三是利用一些作物（如葱、蒜）可释放的一些化学物质来抑制病菌发展。

（12）利用无土栽培。无土栽培可以科学地供应作物养分，根本解决连作障碍问题。将稻壳、草炭、烘干鸡粪按2∶1∶1的比例配成营养土，配合滴灌进行无害化栽培。有机质可使用2个生长季。

（十一）茄子适宜的栽培模式和间作套种安排

1. 茄子露地栽培模式　茄子露地多茬口，可归纳为以下几种类型：早茄子-大白菜，适宜于东北、华北、华中、华东地区；早茄子-早萝卜-白菜或菠菜，南方、北方地区根据当地条件均可采用；菠菜-早茄子-小白菜-秋甘蓝，南方、北方地区根据当地条件均可采用；二月白菜-小白菜-早茄子-瓠瓜-早秋白菜-白菜，此类型多见于南方地区。

2. 越冬茄子-蕹菜日光温室二种二收栽培模式 越冬茄子8月上中旬播种育苗，10月中下旬定植，12月中旬至翌年1月上旬进入始收期，6月中下旬拉秧；蕹菜于6月初播种育苗，前茬拉秧整好地后定植，8~9月份陆续上市。

3. 日光温室三种三收栽培模式

（1）茄子-绿叶菜-黄瓜。茄子11月上旬播种育苗，翌年2月上旬定植，6月下旬拉秧；绿叶菜可选用芫荽、大葱、菠菜等，大葱提前育苗，6月下旬定植，其他绿叶菜可以在6月下旬直播，8月中旬均清茬；黄瓜8月上旬育苗，8月下旬至9月上旬定植，翌年1月下旬拉秧。

（2）黄瓜-伏白菜（萝卜）-茄子。黄瓜12月上旬播种育苗，翌年2月中旬定植，5月上旬至中旬拉秧；伏白菜（萝卜）5月中旬直播，7月下旬收完；茄子5月底育苗，8月上旬定植，翌年2月中旬拉秧。

（3）黄瓜-豇豆-茄子。黄瓜12月上旬播种，电热温床育苗，翌年2月中旬定植，5月上旬拉秧；豇豆5月中旬直播，7月下旬清茬；茄子5月底播种，采取遮阴防雨育苗，8月初定植，翌年2月中旬拉秧。

（4）芹菜-茄子-大白菜。芹菜8月10日前后露地育苗，10月上旬定植，12月下旬开始采收，翌年3月中旬清茬；茄子12月下旬浸种催芽，翌年3月下旬定植，7月中旬拉秧；大白菜7月下旬定植（提前15~20天育苗），9月下旬收完。

（5）西葫芦-茄子-生菜。西葫芦12月上旬育苗，翌年1月下旬定植，6月初拉秧；茄子5月初播种，6月上旬定植，11月上旬拉秧；生菜10月上旬育苗，11月上旬定植，翌年2月上旬清茬。

4. 茄子-冬瓜-绿菜花-莴苣日光温室四种四收栽培模式　茄子11月下旬棚内育苗，翌年3月上旬定植，4月下旬始收，5月下旬拉秧；冬瓜4月下旬露地育苗，5月下旬定植，7月中旬始收，8月上旬拉秧；绿菜花7月上旬露地播种育苗，8月上旬定植，10月初收获；莴苣10月中旬棚内育苗，11月中旬定植，翌年1月上旬始收。

5. 早春茄子-秋延后花椰菜大棚二种二收栽培模式　茄子11月中下旬温床育苗，翌年2月下旬至3月上旬定植，4月下旬始收，5月底去膜转为露地管理，7月中下旬拉秧；花椰菜7月底8月初直播于茄子拉秧后的棚地内，10月下旬连根掘出假植，延迟上市时间。

6. 与其他作物的间套作　在北方露地栽培，一般可与早熟甘蓝、洋葱、韭菜、大蒜、莴笋等矮生蔬菜隔畦间套作。韭菜与茄子间作：每4行韭菜栽1行茄子，行距1.5米，垄宽40厘米，株距33厘米。洋葱与茄子套作：1米宽平畦，栽洋葱6行，株距10厘米，6月上旬在畦埂上定植茄子，株距35~40厘米，洋葱采收后，将畦埂培成高垄。

在南方地区，越夏茄子与西瓜套作栽培。一般于7月上旬，西瓜开始收获时定植茄子于西瓜地，每亩栽苗800株左右。西瓜罢园后，将瓜藤清除干净，然后进行中耕松土、除草、施肥等田间管理。

第三节 茄子施肥技术

(一) 茄子施肥的误区

1. 有机肥施用误区

(1) 施用有机肥越多越好。近年来各地的多项试验结果表明,适当增施有机肥能有效地控制蔬菜硝酸盐超标,盲目增施有机肥则会造成蔬菜硝酸盐超标。蔬菜田优质农家肥的施用量每亩应控制在3000~5000千克,不宜超过6000千克。

(2) 施用未腐熟有机肥。没有腐熟的有机肥料容易烧根。有机肥必须堆沤一段时间,经微生物分解和高温发酵以后才能施用。

2. 氮肥施用误区

(1) 过量施入氮肥。过量施入氮肥,茄子不仅不能吸收,也易使土壤盐类浓度过高,病害加重。同时由于偏施氮肥,茄子徒长,表现各种缺素症状,致使产量降低,品质受到影响。

(2) 施用硫酸铵、碳酸氢铵。硫酸铵是生理酸性肥料,施用后会增加土壤的酸性,破坏土壤结构。碳酸氢铵施用后挥发出大量氨气,当氨气达到一定浓度后,对茄子生长不利。

(3) 在干旱条件下施氮肥。茄子是喜水肥的作物,在土壤干旱时施用,不但肥效不能充分发挥,而且会使土壤溶液浓度骤然升高,容易烧根。因此,施肥要与浇水相结合,先开沟施肥,把肥料埋实以后再浇水。

3. 磷肥施用误区

(1) 施用磷酸二铵进行追肥。茄子需要的氮、磷、钾比例为 3∶1∶4，需要大量的氮和钾，需要磷比较少，而磷酸二铵含氮 18%，含磷 46%，不含钾。所以，茄子不适宜多施用磷酸二铵。磷酸二铵提倡作为基肥施用，一般不作为追肥。否则，土壤中速效磷积累过多，不利于平衡施肥。

(2) 分散施用磷肥。磷容易与土壤中的钙（北方）、铁、铝（南方）起化学反应而被固定，降低肥效。因此，磷肥适合作为基肥或在种植前期集中施于根系密集的土层中。

4. 钾肥施用误区　后期追施钾肥。茄子一般在开花前后需要钾肥比较多，以后逐渐减少。因此，建议钾肥作为基肥施用，可以施得深些，利于作物根系的吸收利用，也可避免后期追肥的不便。

5. 微肥施用误区　在土壤中施用微量元素肥料。如将含铁肥料施入土壤中，铁容易被土壤中的空气氧化转化成难溶性化合物而失去肥效。采用叶面喷施的办法，用 0.1%~0.3% 硫酸亚铁溶液均匀喷施在茄子叶面上，安全有效。

6. 施肥方法存在的误区　许多菜农把肥料随水冲施已成习惯，认为只要施到地里就可以了，这样做大部分营养都浪费掉了。

(1) 碳酸氢铵地表浅施和随水撒施。因为温度较高，在冲施时，大量氨气挥发后会降低效果，而且容易造成茄子氨中毒现象。采用开沟施入或挖穴埋施效果最好，追肥后埋土厚度应不少于 5 厘米，以减少化肥有效成分的挥发。

(2) 过磷酸钙直接拌种。过磷酸钙呈酸性反应，腐蚀性很强，用它拌种，尤其是拌后长时间放置，很容易对种子造成腐蚀，降低种子的发芽率和出苗率。

(3) 钙镁磷肥直接作为追肥。钙镁磷肥属弱酸溶性磷肥，不溶于水，肥效迟缓。所以，用钙镁磷肥作为追肥，应与有机肥料混合堆沤一定时间。

(二) 茄子的营养特性

茄子在整个生育期对营养的需求有一定的特点。幼苗期同时进行营养器官和生殖器官两个不同质和量的器官的分化和生长，两者的临界形态交叉点在4片真叶期。根据幼苗生长发育特点，在4片真叶期前以控制为主，适当促进，积累营养为进行生殖生长打下基础。

茄子在3~4片真叶、幼茎粗度达2毫米左右时开始花芽分化。

茄子果实在发育过程中，经历了现蕾期、露瓣期、开花期、凋瓣期、瞪眼期、商品成熟期、生理成熟期。门茄现蕾，标志着幼苗期结束，但在门茄瞪眼之前，还是处于营养生长与生殖生长的过渡阶段，并以营养生长占优势。这时应对营养生长适当控制，促进营养物质分配转到以果实生长为主。进入门茄瞪眼期以后，茎叶和果实同时生长，植株同化物质的分配转到以供给果实为中心。这时应结束对营养生长的控制，加强肥水管理，促进门茄果实的膨大及茎叶的生长。在对茄与四门斗结果时期，植株处于生长旺盛期，这期间的产量对总产量的影响很大，尤其对栽培期较短的茄子，更是构成产量的主要部分。因此，必须保证有足够的叶面积，既要促进果实的生长，又要保持植株生长势旺盛，防止早衰。结果期进入八面风时期后，已属结果中后期，虽然果实数目多，但单果重大为减少。如加强中后期的田间管理，特别是肥水管理，维持株势，还可取得可观的产量。

(三) 茄子的需肥规律

茄子喜肥，适于富含有机质及保水保肥力强的土壤。茄子在生育过程中，需从土壤中吸收大量的营养物质，据白纲义研究，生产1吨商品茄子需要氮3.24千克，五氧化二磷0.94千克，氧化钾4.49千克，这些营养73%左右存于果实中，27%左右存于茎、叶、根等营养器官中。

氮肥对茄子茎叶的生长和果实的发育有重要作用，与产量关系最为密切。门茄迅速膨大前，植株对氮的吸收量逐渐增加，以后在整个生育过程中，氮素仍大体按同一速度被吸收，至结果盛期时达到被吸收的高峰。在保证充足的光照、降低夜温并配合追施其他营养元素肥料的条件下，适当增施氮肥并不会引起徒长，而是丰产不可缺少的重要条件。岩田氏对茄子不同时期缺氮的试验指出，在缺氮情况下，初期对茎部生长影响不大，但下位叶老化，脱落。如及时补充，能很快恢复。在生育的中后期缺氮会导致开花数减少，花质量降低，结实率下降，减产显著。苗期营养条件，特别是氮素营养对花型影响也较显著，氮素营养不足，长柱花减少。

茄子对磷肥的吸收量虽然不多，但其对茄子根及果实的发育作用显著。吸收的磷素中大约有94%存在于果实及种子中。苗期对磷素需要迫切，与后期生育期阶段相比，苗期需磷量较多，如果苗期磷素供应不足，则根系发育迟，发根少。幼苗期增施磷肥对花芽分化及发育有良好的效果，根系发达，茎叶粗壮，花芽也能提早分化。

茄子对钾吸收量最多，尤其在果实迅速膨大期，钾素对糖的合成、运转及提高细胞液浓度、加大细胞的吸水量都有重要的作用。尽管茄子需钾量较大，但只要做到增施农家有机肥料，使每亩菜田中有机肥量达到5000千克左右，即可满足茄子对钾的要求。在农家肥施用量不足的情况下，则应在基肥中补施硫酸钾等化学钾肥。在基肥中钾的施量不足的情况下，在茄子开花结果期及时追施钾肥，以保证植株开花结果对钾的需要，则可增加产量，提高品质。

（四）茄子的施肥原则

第一，多施基肥、勤追肥。依据茄子生育周期长、需肥多、根系深的特点，应尽量多施和深施基肥。茄子适宜勤追肥，茄子对氮、磷、钾的吸收量随着生育期的延长而增加。苗期对氮、磷、钾三元素的吸收量不到总吸收量的1%，一般每亩施40~45千克硝酸钾作为基肥即可。开花后吸收量逐渐增加，盛果期吸收量最高，占总吸收量的2/3。茄子的开花结果期很长，能连续结果，所以增产潜力大，其中四门斗时期结果较多，需要的养分也较多，是茄子的最大养分期，需多次追肥。所以在门茄瞪眼到四门斗收获后这段时期，应每隔10天追1次硝酸钾，追肥量为每亩20千克，方法有沟施、条施、撒施或冲施。追肥采用少量多次的施用方法，切忌一次施入大量的化肥，尤其是氮肥。

第二，以氮肥为主，钾、磷配合施用。茄子需充足的肥料，以氮肥为主，钾、磷配合施用，比单施氮或单施磷更能促进花芽分化。茄子对氮肥的要求多，钾肥次之，磷肥较少。若氮肥不足，对植株发育的各阶段均引起不良影响，如苗弱晚发、开花延迟、花数减少、果实膨大速度慢、果实小而少等。在开花、结果盛期，需大量的钾肥和氮肥。幼苗期氮、磷、钾供应充足，可明显改善营养条件，促进苗壮早发，使开花结果期提前。

第三，微肥施用不可少，以喷施为好。茄子生长不仅需要大量元素，微量元素也是必不可少的。如缺钙会诱发脐腐病；缺少硼肥会使花发育不良，生长点烂掉。若土壤中缺镁或施用氮、钾肥过量，就会破坏元素间的平衡，根系不能正常吸收镁而诱发缺镁症。土壤缺镁时可在基肥中加白云石或钙镁磷肥。缺镁初期每亩要及时追施 25 千克硫酸镁或叶面喷施 0.1%~0.2% 硫酸镁，每周 1 次，共 3 次。

(五) 茄子不同栽培条件下的施肥技术

1. 露地栽培茄子的施肥技术　茄子生长结果时间长，根深叶茂，是需肥多而又耐肥的蔬菜作物，在苗期多施磷肥，可以提早结果，配施钾肥可以增加产量和提高品质。因此，茄子露地栽培要施足基肥，分期追肥，追肥以速效氮肥为主，配施磷、钾肥。现将施肥技术介绍如下。

(1) 施足基肥。茄子基肥宜用迟效性肥料，每亩施有机肥 5000 千克，加氮磷钾复合肥（15-15-15）25 千克撒施地表，而后将土壤翻耕，整畦，移苗定植。

(2) 分期追肥。

①催果肥。定植缓苗后，花逐渐开放，当门茄达到瞪眼期，果实开始迅速生长，整个植株进入以果实生长为主的时期。茎叶也开始旺盛生长，需肥量增加。此时进行第一次追肥，称为催果肥，这是关键施肥时期。催果肥用量，每亩可施硫酸铵 30~40 千克或尿素 15~20 千克，穴施或沟施，施后盖土、浇水。

②盛果肥。当对茄果实膨大，四门斗开始发育时，是茄子需肥的高峰期，这时再进行第二次追肥，即盛果肥。以速效氮肥为主，配施磷、钾肥，还要注意叶面追施钙、硼、锌等中量及微量元素肥料。结合浇水，每亩追施腐熟的稀粪尿 1000 千克或磷酸二铵 20~30 千克。

③满天星肥。第二次追肥后至最后一次采收前 10 天，每一层果实开始膨大时，约每隔 10 天追施 1 次，共追 5~6 次肥。化肥和稀粪

尿交替使用最佳。

（3）根外追肥。从盛果期开始，可根据长势喷施0.2%~0.3%尿素、0.2%~0.3%磷酸二氢钾、0.1%~0.2%硫酸镁等肥料。一般7~10天1次，连喷2~3次。

2. 棚室栽培茄子施肥技术　棚室栽培茄子各个时期施肥除和露地相似之外，不同之处有以下几点。

①调控基肥和追肥，增施有机肥。有机肥可提高土壤的保水保肥能力，又能调节平衡土壤的酸碱度以及避免土壤因集中供肥发生肥害。一般基肥应占总投肥量的60%，基肥施用的磷可占到整个生长周期的70%，而优质农家肥、厩肥每亩不宜超过5000千克。

②禁止浅层追肥。棚室种植由于密封性能较好，浅层追肥或撒施肥料，极易使挥发的肥料对蔬菜产生危害。因此，追肥时一定要穴施或条施，深度为5~6厘米，另外还要和茄子根系保持8~10厘米的距离。

③适温追施氮肥。追施氮肥应选择在晴天中午前后进行，过早过迟都会由于温度低而降低追肥效果。追施氮肥时最好用0.5%~1%浓度的尿素溶液于15℃以上时进行根外追肥。

④增施二氧化碳气肥。

（六）二氧化碳施肥技术

二氧化碳施肥技术是茄子保护地栽培中增产效果极为显著的一项新技术，增产幅度一般都在30%，尤其对于日光温室的冬季生产和春用型大棚的早春生产，增产的效果更为明显。

棚室茄子缺乏二氧化碳的症状有以下几点。叶色暗绿无光泽，植株长势差。开花晚，雌花少，花果脱落多。叶低平，与主枝垂直或下垂，叶面出现斑点，或凸凹不平，或黄枯腐烂。另外，如果靠近通风口的一两棵茄子长势强壮、结果多、果实发育好,而远离通风口的茄子长势差,花果脱落多,坐果稀少,迟迟不长个,也是判断棚内缺乏二氧化碳的重要依据。

补救措施主要有两种:一是加强通风换气,促进棚室内外气体交换,并可排出其他有害气体,如氨气、二氧化氮、二氧化硫等,但冬季易造成低温冷害;二是进行二氧化碳施肥。

1. 二氧化碳施用时期　棚室茄子在定植后 7~10 天结束缓苗,15~20 天(幼苗期)后开始施用二氧化碳,进行 30~35 天。开花坐果前不宜施用二氧化碳,以免营养生长过旺造成徒长而落花落果。

2. 二氧化碳施用时间　施用时间根据日出后的光照强度确定。一般每年的 11 月至翌年 2 月,于日出 1.5 小时后施放;3 月至 4 月中旬,于日出 1 小时后施放;4 月下旬至 6 月上旬,于日出 0.5 小时后施放。施放后,将温室或大棚封闭 1.5~2 小时后再放风,一般每天 1 次,雨天停用。

3. 二氧化碳施用浓度　一般大棚施用浓度为 1 毫微升/升,温室为 0.8~1 毫升/升,阴天适当降低施用浓度。具体浓度根据光照度、温度、肥水管理水平、茄子的生长情况等适当调整。

4. 二氧化碳施用方法

(1) 施有机肥法。有机肥分解放出二氧化碳,1 吨纯有机物可释放二氧化碳 1.5 吨,每亩施用 3000 千克秸秆,5~6 天后就可释放二氧化碳,开始每亩每小时释放量 2000 克,2 天后下降,20 天时可保持到每亩每小时 700 克。该法经济有效,但释放量有限。

(2) 液态二氧化碳。把酒精厂、酿造厂发酵过程中产生的液态二氧化碳装在高压瓶内,在棚室内直接施放,用量可根据二氧化碳钢瓶流量表和棚室体积进行计算。该法清洁卫生,便于控制用量,但是高压瓶造价高。

(3) 干冰气化。固体二氧化碳又称干冰，使用时将干冰放入水中，使其慢慢气化。该方法使用简单，便于控制用量，但冬季施用因二氧化碳气化时吸收热量，会降低棚室内温度。

(4) 有机物燃烧。用专制容器在棚室内燃烧甲烷、丙烷、白煤油、天然气等生成二氧化碳。这种方法材料来源容易，但燃料价格较贵，燃烧时如氧气不足，则会生成一氧化碳，毒害茄子和人体。值得注意的是，燃烧用的空气应由棚室外引进，且燃料内不应含有硫化物。否则，燃烧时会产生亚硫酸，亦可对茄子造成危害。

(5) 二氧化碳发生剂。目前大面积推广的是利用稀硫酸加碳酸氢铵产生二氧化碳。可利用塑料桶、盆等耐酸容器盛清水，浓硫酸和水比例为1∶3，把工业用浓硫酸倒入水中稀释（不能把水倒入硫酸中），再按稀硫酸1份加碳酸氢铵1.66份比例放入碳酸氢铵。为使二氧化碳缓慢释放，可用塑料薄膜把少量碳酸氢铵包好，扎几个小孔，放入酸中。也可用成套设备让反应在棚外发生，再将二氧化碳通入棚内。

5. 施用二氧化碳气肥注意事项

(1) 由于二氧化碳比空气重，为使增施的二氧化碳能均匀施放到作物功能叶周围，应将二氧化碳发生装置置于植株群体冠层高度位置，并采取多点施放以保障其均匀性，使增施的二氧化碳得到充分有效的利用。

(2) 长时间高浓度地施用二氧化碳会对茄子产生有害影响，施放量过大会危害叶片，发生焦边、叶片反卷、叶绿素含量下降等现象，不利于光合作用，也会使植株老化，并对人体健康有害。因此，施用浓度应略低于最适浓度，适当减少施用次数，同时加强肥水管理。

（3）施用二氧化碳期间，应使棚室保持相对密闭状态，防止二氧化碳气体逸散至棚外，以提高二氧化碳利用率，降低生产成本。另外，进行二氧化碳施肥的大棚，白天的温度应相应提高 3~4℃，夜间的温度变幅要略为加大，上半夜略高，下半夜略低，以提高施肥效果。

（4）严格控制施肥浓度。茄子二氧化碳浓度以 0.1%~0.15% 为宜。

（七）茄子缺素症状及防治

1. 缺氮

（1）症状。植株叶色变淡，首先从下部叶片开始，老叶逐渐黄化脱落，重时干枯死亡，花蕾停止发育变黄，心叶变小。

（2）原因。前茬作物施用有机肥或氮肥量少，土壤中含氮量低，降水多，氮素淋溶多造成缺氮。

（3）防治方法。避免积水，多施优质农家肥作为基肥。缺氮时及时补充碳酸氢铵、尿素等速效氮肥，一次施肥量不宜过大。

2. 缺磷

（1）症状。茎秆细长，纤维发达，叶片变小，颜色变深呈紫色，叶脉发红，茎枝细长，纤维发达，幼苗缺磷花芽分化延迟和结果期推后。

（2）原因。

①苗期遇低温影响了秧苗对磷的吸收。低温持续时间长严重影响磷的吸收，因此生产上地温低也会缺磷。

②土壤偏酸性引起磷的固定，土壤坚实也易引起缺磷症。

（3）防治方法。施基肥时要施足过磷酸钙或磷酸二铵，栽培过程中发现缺磷时，可在叶面喷施 0.2% 磷酸二氢钾溶液或 0.5% 过磷酸钙溶液。

3. 缺钾

（1）症状。植株初期心叶变小，生长慢，叶色变淡，出现灼伤状，后期叶脉间失绿，出现黄白色斑块，叶尖叶缘渐干枯，老叶尤其明显。

（2）原因。

①土壤中含钾量低或为沙性土。

②施用石灰肥料多，影响茄子对钾的吸收，常会发生缺钾。

③果实膨大需钾量大，此期钾肥供应不足。

（3）防治方法。基肥多施有机肥，防土壤积水，及时中耕提高地温，及时揭盖草苫。生长期发现缺钾时，可施硫酸钾、氯化钾、草木灰，或用 0.2% 磷酸二氢钾溶液和 10% 草木灰浸出液进行叶面喷施。

4. 缺钙

（1）症状。植株生长缓慢，生长点畸形，幼叶失绿，叶片的网状叶脉变褐，呈铁锈状叶，功能叶卷曲，严重时生长点坏死，老叶仍保持绿色。在连续多年种植蔬菜的土壤中栽培茄子易造成缺钙。

（2）原因。

①施用氮肥、钾肥过量，抑制了茄子对钙的吸收和利用。

②土壤干燥，土壤溶液偏高，阻碍茄子对钙的吸收。

③空气湿度小、蒸发快，补水不及时。

（3）防治方法。按时浇水施肥。缺钙时及时补施钙肥，或用 0.3%~0.5% 氯化钙溶液于叶面喷施，5 天喷 1 次，连喷 2~3 次。

5. 缺镁

（1）症状。叶脉附近，特别是主叶脉附近变黄，叶片失绿，果实变小，发育不良，容易脱落。

（2）原因。

①地温引起根吸收不良。

②土壤中大量施用含钾多的有机肥，对钙产生拮抗作用，抑制了对镁的吸收。

③土壤水分不足、氮肥施用量大、农家肥施用不足、土壤偏酸性都会造成镁的缺乏。

（3）防治方法。注意把酸性或碱性土壤改良成中性土壤，增施有机肥和含镁的矿物质肥料，注意各种肥料的合理施用比例。栽培中发现缺镁时，可施钙镁磷肥，或用 20% 硫酸镁溶液叶面喷肥，7 天喷施 1 次。

6. 缺锰

（1）症状。茄子缺锰多发生在中上部叶片上，叶脉间出现不明显的黄斑，叶脉仍保持绿色，发病后期，叶脉间黄斑连片，绿色的叶脉呈网状，叶脉附近有褐色斑点，叶片易脱落。

（2）原因。

①土壤通气不良，含水量过高，过量施用未腐熟的有机肥。

②在碳酸盐类土壤或石灰性土壤及可溶性锰淋失严重的酸性土壤上易缺锰，富含有机质且地下水位比较高的中性土壤也会缺锰。

（3）防治方法。增施腐熟有机肥，加强中耕，提高土壤通透性，喷0.01%~0.05%高锰酸钾溶液（同时也可起到杀菌的作用）。

7. 缺铁

（1）症状。多发生在植株顶端，顶部叶片发生黄化现象，这种黄化较均匀，果面光泽性差。

（2）原因。

①土壤呈酸性、多肥高湿条件下，常会发生缺铁症。

②当土壤中锰素过剩，铁的吸收常受到抑制，也会引起缺铁。

（3）防治方法。把酸性土壤调整到中性，可施用氢氧化镁或生石灰，逐渐进行调整并改善多肥、多湿条件，土壤过湿时减少浇水，雨后及时排水。

8. 缺硼

（1）症状。植株生长点受抑制，节间变短，植株矮化，顶部茎叶发硬，严重的顶叶变黄，芽弯曲，停止生长，叶片皱缩不平整，扭曲、变厚、变脆，易折断，叶色变深，果皮表面会木栓化。

（2）原因。

①土壤中缺硼。

②土壤中其他元素偏多，从而抑制了对硼元素的正常吸收。

③高温干旱导致缺硼。

（3）防治方法。

①选用硼砂土施，每亩用量为0.5~2千克，或喷施0.1%~0.2%硼砂或硼酸溶液。

②增施有机肥料，防止施氮过量。有机肥料全硼含量为20~30毫克/千克，施入土壤后能提高土壤供硼水平，土壤施硼应施均匀，否则容易导致局部硼过多的危害。与有机肥配合施用可增加施硼效果。同时，要控制氮肥用量，以免抑制硼的吸收。

③遇长期干旱，土壤过于干燥时要及时浇水抗旱，保持湿润，增加对硼的吸收。

第四节 茄子的露地栽培技术

一、茄子春露地栽培技术

（一）品种选择

宜选择耐寒性强、早期产量高、抗病、优质的早熟茄子品种，如平茄1号、郑研早紫茄、郑研青茄1号等。

（二）培育壮苗

长江流域一般于10月下旬冷床育苗，温室或温床育苗，播种期可推迟到12月中下旬。东北地区可于1月中下旬温室或温床育苗。黄淮地区一般于1月中下旬日光温室或大棚育苗。

（三）整地做畦

选择3年内未种过茄科蔬菜的地块，于上1年秋冬季深耕晒垡。结合整地，每亩施入腐熟农家肥5000千克、磷肥50千克、钾肥30千克或草木灰200千克、50千克腐熟的饼肥作基肥。在定植前，每亩再施入腐熟堆肥1500千克，堆肥填入定植穴内，使堆肥略高于畦面，浇压蔸水后定植穴即可与畦面平齐。

茄子做畦因地区及土壤质地而有不同，南方多采用深沟窄畦方式，一般畦宽1.3~2米，沟深20~30厘米，黄淮地区一般做成小高畦，畦高10~15厘米，宽100~120厘米，用90~100厘米幅宽的地膜覆盖，栽2行。东北地区则先沟施肥料，而后做成宽50厘米的垄，每2条垄搂平做成1米宽的小高畦，采取开沟的方法，双行定植。

(四) 定植

茄子的定植期，可根据当地的气候条件及育苗情况而定。为争取早熟，在不致受冻害的情况下应尽量早栽。采取地膜覆盖栽培时，无论垄栽或畦栽，均需精细整地，铺膜要绷紧，四周用土压平，以防风吹而发生撕裂。黄淮地区采取地膜覆盖栽培方式，可把定植期提前10天左右（气温稳定在12℃即可定植）。

茄子根系容易木质化，再生能力弱，定植时应尽量带土移栽，最好采用营养钵育苗。选择晴天定植，忌栽湿土，湿土移栽缓苗慢，难发新根，不易成活。茄子单位面积产量是由每亩株数、单株果数和单果重3个因素构成的。合理密植能较早达到合适的叶面积指数，因此早期产量较高，生产上早熟品种每亩需栽2200~2500株。

茄子的定植方法，北方因春季干旱，常用暗水稳苗定植，即按预设好的行距先开一条定植沟，在沟内浇水，待水尚未渗下时，将幼苗按预定的株距轻轻放入沟内，当水渗下后及时封土、覆平畦面。南方各地大多采用先开穴后定植，然后浇水的方法。茄子定植不宜过深，以与子叶节平齐为标准。

(五) 追肥

茄子的生长期长，枝叶繁茂，需肥料较多，而且很耐肥。追肥要根据各个不同生育阶段的特点进行，约可分为4个阶段。

1. 缓苗后至开花前　此阶段追肥以促为主，促使植株生长健壮，为开花结果打基础。一般在茄子定植后4~5天，秧苗缓苗成活后即可追施粪肥或提苗化肥。宜淡粪勤施，一般结合浅中耕进行。

2. 开花后至坐果前　此期以控为主，应适当控制肥水供应，以利于开花坐果。根据植株生长情况，如果植株长势良好，可以不施肥。反之，植株长势差，可在天晴土干时用10%~20%浓度的人畜粪浇施1次或每亩施10~15千克尿素。若对肥水不加控制，会引起枝叶生长过旺，导致茄子落花落果，必须引起足够重视。

3. 门茄坐果后至四门斗茄采收前　门茄坐稳果后，对肥水的需求量开始加大，应及时浇水追肥，肥随水浇，每亩追人粪尿500~1000千克或磷酸二铵15千克。对茄和四门斗茄相继坐果膨大时，对肥水的需求达到高峰。对茄瞪眼后3~5天，要重施1次粪肥或化肥，每亩施人粪尿4000~6000千克或尿素15~20千克，可随水浇施，视天气干湿情况决定掺兑浓度。四门斗茄果实膨大时，重施1次粪肥或氮化肥。门茄瞪眼后，每隔5~7天将尿素与钾肥按1∶1的比例穴

施深埋,整个结果期可进行2~3次。

4. 四门斗茄采收后 此期天气已渐炎热,土壤易干,主要以供给水分为主,一般以20%~30%浓度的淡粪水浇施,应做到每采收1次茄子追施1次肥水。结果后期可进行叶面施肥,以补充根部吸肥的不足,一般喷施0.2%尿素和0.3%磷酸二氢钾溶液,喷施时间以晴天傍晚为宜。

(六) 水分管理

茄子的抗旱性较弱,幼嫩的茄子植株是不耐旱的。表面看来茄子很耐旱,这是由于茄子根系扎入土层较深,能够充分利用地下水,如果下层土壤很干燥,茄子的抗旱性就非常弱。当土壤中水分不足时,植株生长缓慢,还常引起落花,而且长出的果实果皮粗糙、无光泽、品质差。茄子的土壤湿度以80%为宜。茄子生长前期需水较少,而且南方雨水较多,不必单独浇水,土壤较旱需浇水时,一般结合追肥进行。为防止茄子落花,第一朵花开放时要控制水分,门茄瞪眼时表示已坐住果,要及时浇水,以促进果实生长。茄子结果期需水量增多,应根据果实的生长情况及时浇灌。在高温干旱季节,可进行沟灌,但必须掌握以下几条原则:

(1) 浇水应掌握在气温较稳定时进行,每次浇水前需了解好天气情况,做到浇水后不下雨,避免受涝,影响根系生长,诱发病害。

(2) 浇水量逐次加大,第一次浇水至畦高的1/2,第二次为2/3,第三次可近畦面,但不能满畦面。

(3) 浇水应在气温、地温、水温较凉的时候进行,一般于上午10时前、下午4时以后浇水。要急浇、急排,畦中土壤湿透后即可排出。

（七）中耕培土

雨后或浇水后土壤易板结，应及时中耕松土。中耕一般结合除草进行，以不伤根系和锄松土壤为准，一般进行 3~4 次。植株封行前进行 1 次大中耕，深锄 10~15 厘米，土块宜大，便于通气爽水，深锄后晒 1~2 天。结合此次中耕，如基肥不足，可补施腐熟饼肥或复合肥埋入土中，并进行培土，防止植株倒伏。植株封行后，一般不再中耕，若有草，要拔除。

地膜覆盖的茄子只要保证整地、做畦和铺膜质量，膜下土表的杂草基本上不再萌生，一般不需进行中耕、除草和培土。

（八）整枝摘叶

茄子的分枝比较有规律，叶腋发生分枝能力差，一般不必整枝。但是，门茄以下各叶腋的潜伏芽在一定条件下极易萌发成侧枝，为了减少大量养分的消耗，改善植株通风条件，应在门茄瞪眼以前分次抹除无用侧枝。一般早熟品种多用二杈整枝，除留主枝外，将在主茎上第一花序下的第一叶腋内抽生的较强大的侧枝加以保留，连主枝共留二杈，基部的其他侧枝一律摘除。

控株分行以后，为了通风透光，减少落花和下部老叶对营养物质的无效消耗，促进果实着色，可将基部老叶分次摘除。如果植株生长旺盛，可适当多摘；天气干旱，茎叶生长不旺时要少摘，以免烈日晒伤果实。在植株生长中后期要把病、老、黄叶摘除，以利于通风透光和减轻病虫危害。

（九）防止落花及畸形果

茄子开花过程中有不同程度的落花现象。茄子落花的原因很多，除由花器本身的缺陷引起落花，光照不足、营养不良、温度过高（38℃以上）或过低（15℃以下）、病虫危害等也会引起落花。尤其是早春长时间的低温阴雨，土壤含水量过高，空气相对湿度过大，妨碍花粉发芽而引起落花。茄子早期开花数量不多，落花是造成早期产量不高的重要原因之一。防止茄子落花，除根据其发生的原因有针对性地加强田间管理，改善植株营养状况，使用防落素能有效地防止因温度引起的落花。防落素即番茄灵、坐果灵（PCPA，化学名称为对氯苯氧乙酸），使用浓度为 0.004%~0.005%，可用小型喷雾器直接向花上喷洒，对茄子的枝叶无害。使用防落素的最佳时期是含苞待放的花蕾期或花朵刚开放时，对未充分长大的花蕾和已凋谢的花处理效果不大。

（十）采收

茄子以嫩果供食用。早熟栽培的早熟品种从开花至始收嫩果需 20~25 天，有的品种只需 16~18 天。一般于定植后 40~50 天，即可采收商品茄上市。采收过早，果实发育不充分，会降低产量；采收过迟则种皮变硬老化，降低食用品质，影响商品性。判断茄子采收与否的标准是看茄眼的宽度，如果萼片与果实相连处的白色或淡绿色环带宽大，表示果实正在迅速生长，组织柔嫩，不宜采收；若此环带逐渐变得不明显，表明果实的生长转慢或果肉已停止生长，应及时采收。门茄宜稍提前采收。在生产上及时采收，增加采收次数，是提高产量的一个重要措施，尤其是对长茄类型品种增产效果更为明显。茄子采收的时间以早晨最好，果实显得新鲜柔嫩，除了能提高商品性外，还有利于贮藏运输。采收时最好用剪刀剪下茄子，注意不要碰伤茄子，以利于贮藏运输。

二、越夏期茄子的露地栽培

（一）品种选择

露地越夏栽培的茄子生长前期正值高温干旱季节，宜选用抗热和抗病性强的中晚熟品种，如平茄4号、安阳大红茄、郑研晚紫茄等。

（二）育苗

苗床应选择地势高燥、排水良好、土壤肥沃的地块，要求2~3年内未种过茄果类蔬菜。苗床应经过翻耕，并加入足够的腐熟农家混合肥作为基肥，做成1.5米宽的畦面，长度根据需要而定。整好土后，可先将床土浇足底水，待底水全部下渗，表面略干后再播种。播种后覆盖一层过筛的细土，厚度以1~1.5厘米为宜。

越夏茄子育苗期正处于高温时期，应搭遮阴棚或在畦上设立小拱架，架上覆盖遮阳网等，做到既能防大雨冲刷，又能防太阳暴晒。播种后为保持畦面湿润，使茄子快出苗，出齐苗，可在畦面上覆盖薄层稻草，开始出苗后立即揭除，防止秧苗徒长。出苗后要及时间苗，2叶1心时分苗，苗距加大到10厘米左右。如果播得稀，幼苗不互相拥挤，亦可不分苗。苗龄40~50天即可定植。

（三）定植

栽培越夏茄子正值高温干旱时期，栽培田块宜选择水源近、灌溉方便、有机质含量高、土层深厚的壤土。为了田间灌溉方便，一般采取深沟高畦的做畦方式，畦面不宜太宽，以便浇水时能较快地浸透畦的中部。沟深15~20厘米，畦面宽1米左右，栽2行，株距60厘米左右。越夏茄子生长势旺，枝叶繁茂，要求有充足的底肥供应其生长发育的需要，一般每亩可穴施优质农家肥5000~7500千克、腐熟的饼肥50~75千克。

越夏茄子一般在6月中旬定植，也可延迟到7月上旬，但不能过晚。否则，茄子的大田生长期和结果期缩短，影响产量和效益。

定植宜在下午4时后进行，如果是阴天，也可在上午进行。定植前5~7天，秧苗要喷施1次杀虫、防病药剂，定植后及时浇水。

第五节　茄子的保护地栽培技术

一、早春茄子的保护地栽培

(一) 品种选择

塑料大棚早春栽培茄子的苗期、定植缓苗期以及生长前期都是在冬季度过的，温度低、光照不足且光照较弱，因此选择的品种必须耐低温、耐弱光、早熟性突出、前期产量高、着色好。可根据各地的消费习惯选择符合上述条件的品种。如喜食卵圆茄的地区，可以选平茄1号、新乡糙青茄、济南早小长茄、辽茄2号、郑研早紫茄等；喜食圆茄的地区可选六叶茄、快圆茄等；喜食长茄的地区可选京茄10号、常茄1号等。

(二) 培养适龄壮苗

大棚春季栽培茄子，上市越早，效益越高。但大棚的保温性能有限，定植期受到限制。播种过早，往往导致幼苗在苗床内开花，定植后缓苗慢，而且门茄不易坐果；播种过晚，苗龄短，秧苗小，难以达到早熟栽培的目的。因此，选择适宜的播种期，培育适龄壮苗，是夺得大棚春季早熟栽培早熟丰产的关键。适宜

的苗龄是以定植时 70 厘米以上的植株带大花蕾为标准的。选择播种期时，应根据不同地区和不同育苗方式来确定。一般来说，长江流域地区以 10 月中下旬冷床育苗，华北地区（京津地区）以 11 月中旬冷床育苗或 12 月上旬温床或温室育苗，东北地区以 1 月上中旬温床育苗为宜。由于育苗多在阳畦、温床等设施内进行，分苗后至定植前应注意加强低温锻炼，以适应大棚内温度低、昼夜温差大的环境。

（三）定植前的准备

茄子忌连作，凡种过番茄、辣椒、马铃薯等的田块，要间隔 3 年以上才能再种茄子，以免土壤中的病菌交互传染。大棚应于冬前准备好，如果大棚内种秋延后作物，秋季应将土壤翻挖起来晒土、冻垡并于定植前 20~30 天扣膜烤地。另外还应及时清茬并将棚内残枝病叶等彻底清理干净，以免留下虫源和病菌，还要对大棚进行烟熏消毒处理。结合翻地，每亩施入腐熟农家肥 5000 千克，饼肥 150 千克，过磷酸钙（磷肥）20 千克，磷酸二铵 50 千克，深施 40 厘米。定植前 7~10 天做畦或起垄，畦宽 130 厘米（包括沟），垄宽 60

厘米，畦或垄高20~25厘米。

(四) 定植

1. 定植期　茄子喜温，不耐寒，定植时要求棚温不低于10℃，棚内10厘米地温稳定在13℃以上。一般来说，东北、西北和华北北部地区，定植期在4月中上旬；华北中南部地区，定植期在3月上中旬；江南一带定植期在2月中下旬。

2. 定植方法　可开穴或开沟定植。浇定根水有两种方法：一是将秧苗栽入定植穴内盖土一半时浇水，把培土浇透，水下渗后盖土；二是定植前1天浇水，定植时再补浇少量水。定植深度以土坨稍低于畦面为宜。定植要在上午完成，如果是下午较晚定植的，为防止地温降低，可在翌日上午浇水。有条件的，定植后可再加盖小拱棚保温。

3. 定植密度　为获得前期高产、高效益，一般须加大定植密度，每亩应保苗2000~2500株。130厘米畦宽（包沟）栽2行，株距45厘米，每亩栽2000多株。

二、秋延后茄子的保护地栽培

(一) 品种选择

大棚秋延后栽培茄子，是在露地育苗、定植，天气转冷后扣棚覆盖生产，其产品主要供应秋冬淡季市场。秋延后茄子市场价格好，效益较高，管理较容易。

秋延后栽培的品种与春早熟栽培的品种不同，它要求品种抗热、耐湿、抗病，同时又要具有一定的耐寒性。可选用平丰青茄王、绿罐等品种。

(二) 培育壮苗

秋延后栽培茄子,一般在 7 月底至 8 月初露地育苗。此时正值高温多雨季节,不利于茄子的生长发育。因此,这茬茄子栽培成功与否关键在于培育壮苗。

苗床应选地势高、排灌水方便、3 年内未种过茄科作物的地块。由于此时期的气温高,育苗时间短,故只要施入少量腐熟有机肥作基肥。按每立方米床土加 60~70 千克过筛的腐熟农家肥,深翻整平做畦,同时按 20~30 份床土加入 1 份药的比例,加入敌克松和代森锌的混合药剂进行土壤消毒,以防发生苗期病害。苗床整平后,浇足底水。播种时按 15 厘米×15 厘米划方块,并将催好芽的种子放在方块中央,每方块放 1~2 粒种子,随即用过筛营养土盖严,盖土厚度 1~1.5 厘米。或者用营养钵进行一级育苗,营养钵规格为 8 厘米×10 厘米,每钵播 2~3 粒种子,畦上需搭小拱架,拱架上面覆盖遮阳网或纱网以防太阳暴晒和大雨冲洗。

出苗期若床内缺水,可用喷壶洒水,禁止大水漫灌,以防土壤板结,影响幼苗出土和生长。幼苗出土后,要及时中耕、松土,以免幼苗徒长或因苗床湿度大而发病,同时应清除杂草。发现幼苗徒长,可用 0.3% 矮壮素溶液喷洒幼苗。如果幼苗发黄、瘦小,可用 0.5% 磷酸二氢钾和 0.5% 尿素混合液在幼苗 2 片叶时进行叶面追肥,促进植株健壮生长,增强抗病能力。苗期要注意防治蚜虫和白粉虱等虫害。喷肥和喷药都要在傍晚进行。此茬茄子育苗期间温度高,幼苗生长较快,一般不进行分苗,以免伤根而引发病害。当苗龄达 40~50 天、有 4~6 片真叶、70% 以上植株现蕾时,即可定植。

(三) 定植

秋延后栽培也要选择 3 年以上未种过茄科作物的棚室，以防止土传病害的发生。定植前，结合整地做畦，每亩施入有机肥 5000～10000 千克。定植时，每亩穴施或沟施复合肥 40～50 千克。一般早熟品种按 40～50 厘米行距，中熟或中早熟品种按 60～70 厘米行距挖穴或开沟，株距一般为 40～50 厘米。

定植应选阴天或晴天的傍晚进行。定植前 1～2 天苗床内浇足底水，定植时秧苗应尽量带土移栽，减少伤根，注意淘汰弱苗、病苗和杂苗，栽后应随即浇压苗水，以防秧苗萎蔫。

第四章　绿色的茄子生产与加工

第一节　茄子的生产标准与包装运输

一、茄子的产品标准

茄子的产品标准包括两方面：感官要求和卫生标准。

茄子产品的感官要求指的是果实的果形、新鲜度、成熟度、清洁度以及完好度的水平。优质的茄子产品首先要求品种统一,即同一生产地的茄子或者同一批次的茄子最好为同一品种。其次产品要有良好的整齐度,符合规范和要求,同时采收及时,抓住果实充分发育而种子尚未成形这一最佳时机。好的茄子产品形状只允许不影响果实外观的轻微的不规则,最好同一品种的形状相同。果实要求新鲜,无异味、腐烂、灼伤、冻伤、机械伤害,不受病虫害侵袭,果实表面清洁干净,没有污染物或者其他外来物。表 4-1 即为生产优质茄子产品的要求。

表 4-1 无公害茄子感官要求

项 目	品 质	规 格	限 度
品种	同一品种	规格用整齐度表示。同规格的样品其整齐度应≥90%	每批样品中不符合感官要求的,按质量计总不合格率不得超过5%
成熟度	果实已充分发育,种子未完全形成		
果形	只允许有轻微的不规则,并不影响果实的外观		
新鲜	果实有光泽、硬实、不萎蔫		
果面清洁	果实表面不附有污物和其他物		
腐烂	无		
异味	无		
灼伤	无		
冻害	无		
病虫害	无		
机械伤	无		

茄子产品的卫生标准要求含有的有害物质必须符合国家卫生标准。由于茄果上残留的农药、重金属和亚硝酸盐等有毒有害物质危害人体健康,因此,我国对茄子中关于农药、重金属和亚硝酸盐等的最多残存量都有明确的规定,见表 4-2。

表 4-2　无公害茄子的卫生要求

序号	项　目	指标：毫克/千克
1	六六六（BHC）	≤0.2
2	滴滴滴（DDT）	≤0.1
3	乙酰甲胺磷（acephate）	≤0.2
4	杀螟硫磷（fenitrothion）	≤0.5
5	马拉硫磷（malathion）	不得检出
6	乐果（dimethoate）	≤1
7	敌敌畏（dichlorvos）	≤0.2
8	敌百虫（trichlorfon）	≤0.1
9	辛硫磷（phoxim）	≤0.05
10	喹硫磷（quinalphos）	≤0.2
11	溴氰菊酯（deltamethrin）	≤0.2
12	氰戊菊酯（fenvalerate）	≤0.2
13	氯氟氰菊酯（cyhalothrin）	≤0.5
14	氯菊酯（permethrin）	≤1
15	抗蚜威（pirimicarb）	≤1
16	多菌灵（carbendazim）	≤0.5
17	百菌清（chlorothalonil）	≤1
18	三唑酮（triadimefon）	≤0.2
19	砷（以As计）	≤0.5
20	铅（以Pb计）	≤0.2
21	汞（以Hg计）	≤0.01
22	镉（以Cd计）	≤0.05
23	氟（以F计）	≤0.5
24	亚硝酸盐	≤4

二、茄子的产品包装

为了方便茄子产品的装卸和搬移，减少因相互摩擦、挤压和碰撞而造成的茄子机械损伤，保持新鲜度、减少水分流失、提高产品价值，在产品运输之前需要对茄子产品进行包装。包装材料和包装过程都应该注意防止产品的污染，保证茄子的清洁。

用于茄子的包装的箱、筐等要求整洁、干燥、牢固、美观、透气；大小相同；没有污染、异味；容器内没有尖突物，容器外没有钉刺；容器没有虫蛀、腐坏、霉变问题。用于包装的纸箱要求没有受潮、离层问题，塑料箱符合国家标准 GB/T 8863 的相关规定。包装容器重复利用时，应经常清洗容器上的污垢，防治被大肠杆菌侵染。

蔬菜产品包装分为运输和销售两类，适合茄子运输的包装品有竹筐、木箱、纸箱和塑料箱等。包装材料要求耐水、耐高温、耐低温，并且够坚硬，不会在搬运过程中变形、损坏。而销售包装则要求无毒、卫生、一次性使用，最好能可再生利用。目前使用最多的就是纸、泡沫塑料盒塑料薄膜。上市的茄子包装形式有托盘包装和收缩包装两种，托盘包装又叫泡罩包装，指的是把茄子整齐码放在塑料的托盘上，封以塑料薄膜。收缩包装指的是用收缩薄膜包装产品，遇热时收缩薄膜可以收缩，贴紧产品，起到保护作用。进行收缩包装时既可以包装单品，也可以包装几个茄子。进行销售包装时要求茄子品质好，重量合格。

进行产品包装时要求茄子单位净含量、规格保持一致，包装上明确标明产品的名称、标准编号、生产单位名称、产地、等级、规格、净含量、详细地址以及包装日期等，所标注的信息必须清晰、准确而完整。

三、茄子的产品运输

茄子的运输系统有包装材料、包装方式、运输环境以及运输工具几个方面。合适的运输系统是维持茄子生产和采后处理的安全保证。在运输过程中，一方面需要注意产品所处环境是否适宜，另一方面要防止茄子受到机械性伤害，从而导致病毒入侵。

采收茄子后，首先需要进行就地整修，然后在运输之前要先进行预冷，降低产品体温，去除田间带来的热量，以期降低茄子的代谢，防治腐烂。茄子预冷技术应该符合包装运输的相关规定，预冷后要及时包装。

作为茄子运输的工具，要求清洁、卫生、无污染，在每次使用运输工具时，都应该对其装货空间进行清扫和消毒工作。货箱里面要求有支撑，稳定装载，以防货物颠簸、挤压、撞击甚至倾倒。在装箱时注意不要堆得太高，并空出一定空间方便通风散热。运输过程中注意轻上轻下，防止产品机械性损伤。

茄子短途运输要注意防止日晒和雨淋，在进行长距离运输时，需要先将温度预冷到10℃左右，并保持运输过程中的温度在10~14℃。寒冷地区或者冬季运输时可考虑使用保温车或者保温箱，夏季运输时需用冷藏车或者冷藏箱，没有冷藏设施时不适合进行长距离的运输。在运输过程中，注意保持货箱里的相对湿度，维持在93%左右，并采取相应的通风措施，及时排出果实呼吸作用释放的热量。

第二节 茄子的贮藏和加工技术

一、茄子的贮藏技术

用于贮藏的茄子最好选择晚熟品种中后期的果实，要求果肉水分少，果实皮厚、深紫色、圆果型、果形整齐。

1. 窖贮法 选用秋延后的茄子作为窖贮茄子，贮藏前可以使用

30毫克/千克左右的2，4-D或者50~80毫克/千克的防落素喷洒果柄，防止果实脱落。窖贮时，首先在地面铺上一层稻草，加一层塑料薄膜，再加一层厚10厘米左右的沙子。将茄子摆放在沙子上，头对头，尾对尾，每层茄子之间撒一层煤粉，其上覆盖塑料薄膜，夜晚可加盖纸被和草苫。控制温度在15~20℃，注意保持通风，如果温度降到7~10℃，那么茄子容易出现冷害。

2. **埋藏法** 首先选择地势较高、排水便利的地方挖坑，坑长3米、宽1米、深1.2米，坑一边留好出口，侧面两段各留一气孔，坑顶用玉米秸围起盖好，再铺上约12厘米厚的土。选择没有外伤、虫伤、病害的大小中等的茄子，连把剪下，将果把朝下，层层穿插码放，占足空隙，码放5层后，铺上牛皮纸，堵住坑。维持坑内温度5~8℃，如果温度低于5℃，加深坑上的土层，堵住气孔，如果温度较高，可打开气孔进行温度调节。埋藏法可以贮藏40~50天。

3. **小包装贮藏法** 将茄子装进约为10微米厚度的高密度聚乙烯袋内，封存或者将袋口敞开，保持袋内的氧气为10%~20%，二氧化碳约占1%，温度维持在13℃左右。这种方法可以保持茄子产品原有的新鲜程度和品质，贮藏40天左右。

4. **气调贮藏法** 气调贮藏法适用于夏天茄子的贮藏，把茄子码放在库房里，用塑料帐将其密封，保持帐内氧气占2%~5%，二氧化碳约占5%，温度维持在20~25℃。这种方法可以贮藏1个月左右。

5. **短期贮藏法** 南方茄子运输到北方时，为了保证新鲜度，包装时应在纸箱外包装内部套上塑料袋或者纸袋。选择长短、粗细相近、颜色一致、带有3厘米左右果柄的茄子，头对头、尾对尾地层层码放在塑料袋里，茄子间注意避免碰撞。冬季运输时注意保温，夏季长距离运输时，内包装最好使用纸袋，如果是塑料袋，需要用冷藏车运输。

6. 减压保鲜贮藏　使用真空泵抽取室内一部分空气，将气压控制在 13.3 千帕以下，最低为 1.07 千帕。使用增湿器增加室内相对湿度，保持在 90% 以上。降低气压，减少空气中氧气含量，配合低温以及高湿，利用低压空气循环，使茄子的呼吸程度保持在最低水平，同时排出室内一部分二氧化碳和乙烯，有利于茄子的长期贮藏。

7. 涂料贮藏法　按照质量比，把 70 份蜂蜡、20 份阿拉伯胶和 10 份蔗糖脂肪酸混合成乳状液，加温到 40℃，调成糊状涂料，将涂料涂在果柄上，可以控制茄子的呼吸强度，防腐保鲜，延缓衰老。

8. 化学贮藏法　使用苯甲酸清洗果实，进行单个果实包装，控制温度约在 12℃，可贮藏 1 个月，果实可用率为 80% 以上。

二、茄子的加工技术

（一）茄子干的加工

选择口感鲜嫩、肉质细密的茄子，去果柄、萼片，清洗干净，放沸水中焖 15 分钟，当茄子变软、颜色变深、还没熟透时取出晾凉，散热后将茄子切成两瓣，划成茄皮相连的四小瓣，放在太阳下暴晒，下午散热后，每 10 千克加盐 500 克进行揉搓。之后将茄子剖切面朝上，层层铺在陶土盆里腌制，第二天继续放在太阳下暴晒，隔 4 小时翻动一次，2~3 天后，如果茄子颜色发黑，一折就断，则可作为合格的干茄瓣。

把干茄瓣泡清水中 20 分钟后捞出晾晒，晒到茄子表皮无水，比半成品时约重 50%。将茄瓣切成长宽均为 5 厘米的碎块，每 10 千克加盐 300 克，与腌制的红辣椒、豆豉（红辣椒、豆豉配制时按每 10 千克茄子配 800 克盐、咸红辣椒 1.5~2 千克、豆豉 3~4 千克为标准）搅拌均匀，层层结实地捣入陶土中，坛内与坛外空气隔绝，两周后即可发酵而成。

简单的茄子干制作可以把没有老熟的茄子去柄、去萼片、切丝或者切片，放在太阳下暴晒，晒干即可。也可以把茄子去蒂，切成薄片过沸水，捞出晾干，在阳光下晒，隔2小时翻1次，连晒三四天，便可贮存。食用时取出，用温水浸泡，和猪肉同炒，味道鲜美。

（二）咸茄子的加工

选择新鲜茄子，去柄，清洗，码入缸中，每层茄子之间撒一层盐（每10千克茄子，撒盐2.5千克）、少许18波美度盐水，缸上压石块，放在通风阴凉处。每天翻1次缸，助盐溶化。1周后每隔1天倒缸1次，约倒20天即成。

（三）酱油小茄子的加工

选择小茄子（30~40只每千克）去柄，每10千克茄子加盐500克，掺少许水，拌匀，放在筐中抖落茄子的涩皮。把去皮后的茄子放入缸中压紧，灌入冷开水，没过茄子，封严，发酵3天后取出，去水分，重新入缸腌渍。每10千克小茄子加入酱油5千克，盐2千克，腌渍15天之后即可封缸贮存。

（四）酱茄子的加工

选择新鲜茄子清洗、入缸，每层茄子中间撒一层盐，加入少许15波美度淡盐水，缸上压石块，每天倒1次缸。等盐全部溶化后，隔3天倒1次缸，连倒3次。半个月后将茄子捞出，入清水中浸泡，直到茄子略有咸味儿即可。将泡过的茄子放到阴凉通风处晾干，切小块，装入布袋，放入酱缸（酱缸按每10千克鲜茄子加盐1.2千克、大酱10千克的比例配料），每天搅拌4~5次，约15天后即可腌制成酱茄子。

（五）腌茄子的加工

剔除腐烂以及虫害的茄子，将新鲜茄子码放缸中，每层茄子之间撒一层盐，用手逐层揉搓，使茄子稍微渗出绿汁，缸中装满后，撒盐，加盖，上压石块。过12小时再开缸，上下搅拌，再用石块压实。一天一夜后，开缸取出茄子，沥干水，重新腌制。第一次腌制时，每100千克茄子加盐10~12千克。

把第一次腌制的茄子码放在缸中，每层茄子之间加一层盐，装满后，撒盐盖面，加盖，上压石块，并加入约16%的浓盐水，没过茄子，进入第二次腌制。第二次腌制可以保证茄子半年以上不会腐坏、变质。第二次腌制时，每100千克茄子加8~10千克盐。

（六）大蒜咸茄子的加工

将咸茄子切成长约5厘米、宽约2厘米的长条，用沸水煮，熟而不烂为佳，取出凉水浸泡，降温后沥干水，摊开，腌制器里加蒜汁和酱油（蒜汁、酱油配料按10千克咸茄子加干大蒜180克、酱油3千克、鲜食生姜100克为标准），加入茄子，第二天搅拌1次，再隔天搅拌，4~5后即可食用。制成的大蒜咸茄子颜色深红、咸辣适口。

（七）茄子脯的加工

选择个大、成熟、无腐烂、病虫害、机械性损伤的茄子作为原料，清洗干净后去皮、去把，纵向切成6~8瓣，加入2%的食盐水，泡约6小时后取出，再放入水中煮到八九分熟，捞出后沥干水放到冷水中冷却处理。冷却处理后的茄子放进0.3%亚硫酸氢钠溶液中进行浸泡，10 小时左右后取出，清水洗净。洗净后的茄子先用 25 千克的蔗糖腌渍，1 天后再加 5 千克蔗糖腌 1 天，沥干糖水，在加入一定饴糖的水中加热，煮沸，7 分钟后捞出，烘到半干，放到原糖沸液中，约 3 分钟后把茄子块和糖液一同转移到缸中，1~2 天后捞出，去糖液，烘干到不黏，冷却处理后进行包装。

(八) 茄子色素的加工

茄子洗净，削皮，茄子皮捣碎后放到 60~80℃ 的热水里面浸泡，约 2 小时后取出，剩下液体进行浓缩、干燥，茄子色素即成。茄子色素可以作为饮料或者糖果的着色剂，被广泛应用于食品中，茄子色素安全无毒，光热稳定性好，不易变色，抗氧化，常见金属中铁元素会对其有一定影响，其他离子不能引起茄子色素的明显反应。

(九) 美味茄片的加工

挑选新鲜的茄子切片，层层铺入缸中，每层直接加一层盐，每 100 千克茄片加盐 16 千克，装满缸后，加 16 波美度的盐水，淹没茄子，上压重物盖实。约隔 3 天后翻 1 次缸，20 天左右即可成熟。将茄片取出后放到清水中浸泡，换几次水，6 小时后捞出晾干。晾干后的茄子片，取 100 千克，加 1.2 千克辣椒粉、1 千克花椒粉、200 克味精和 8 千克白砂糖搅拌均匀，放在酱油中浸泡，1 周后取出。

(十) 油炸茄子的加工

取适宜成熟度的新鲜茄子，去柄、去萼片，放入清水中洗净，削皮，切成三角块状，放入油锅 1 分钟，炸到表面微黄，取出沥干油，摊放冷却，进行速冻包装后根据市场供应情况随时上市。

第五章 茄子的疾病种类与防治

第一节 真菌性疾病的综合防治

(一)播前种子消毒处理

播种前用50%多菌灵可湿性粉剂500倍液浸种1小时,或用55℃的温水浸种15分钟(不断添加高于55℃的温水,使浸种的水温基本保持在55℃),取出后再在清水里搓洗种子表面的黏液,放在25℃左右的温水中浸泡4~6小时,然后捞出沥干水,置于28~30℃的温度中催芽后播种。

(二)实行轮作

茄子重茬、迎茬发病严重,要与非茄科作物进行2~3年轮作,可采用菜粮或菜豆轮作,也可采用水旱轮作。保护地应建在地势较高、排灌方便的地方,北面最好邻近高大建筑,南面无建筑物或树木遮阴的地方。

(三)农业防治

(1)前茬作物收获后及时清洁田园,深耕土地,精细整地。

（2）采用配方施肥技术，施用充分腐熟的有机肥作为基肥，适当增施磷、钾肥。

（3）因地制宜地采用地膜高垄、大垄双行栽培或大小行栽培，采用滴灌、管灌等节水技术，棚膜最好采用聚氯乙烯的无滴膜。

（4）适时移栽，合理密植，增强通风透光，可促进植株健壮生长，增强抗病力，同时这也是高产栽培的重要措施，具体移栽时间应避开中后期有病害发生的环境条件。定植时尽量减少对幼苗根部的损伤。

（5）定植后应及时封行，初期可加扣小拱棚，适当控制浇水，以利于前期提高地温，促根壮秧，增强植株对病害的抵抗力。

（6）加强田间管理，及时清除残枝落叶、病果。注意防止农事操作时的接触传播。合理灌溉，要小水勤浇，避免大水漫灌，浇水后及时中耕松土，增强土壤通透性，促进根部伤口愈合和根系发育。进入枝叶及果实生长旺盛期，促秧、攻果、返秧、防衰4次肥水不可少。大棚等保护地合理放风、排出废气、降低温度、控制湿度，可减轻发病，防止落叶、落花、落果，花期浇水切忌在高温条件下进行，干旱严重时，应尽量在低温时浇灌。结合追肥及时中耕培土，防止倒伏，创造不利于病害发生的条件，全生育期喷施叶面肥2~4次，补充微肥，提高植株抗病性。注意暴雨过后及时排出积水。

（四）药剂防治

防治越早越好，根据发病的具体病害选用不同的农药种类和剂量喷施、喷粉或烟熏。

第二节 细菌性疾病的综合防治

茄子细菌性病害主要有青枯病、软腐病等。

（一）病害特点

1. 出现脓状物

（1）软腐病。病株叶萎缩，后软腐。病部腐烂发臭，溢出鼻涕状的黏液（菌脓）。

（2）青枯病。病株自上而下逐渐萎蔫、枯死，叶片仍保持绿色，不脱落。纵剖茎部可见其维管束变褐色；切取一段病茎置于盛满清水的玻璃杯中，可见有乳白色絮状物（菌脓）溢出。高温高湿环境，低洼湿地、酸性、沙性土壤上的作物易发此病。

（3）细菌性斑点病。叶片上生有不规则的褐色病斑，中部稍凹陷，表面呈疮痂状；果实初生疱疹状褐色小斑点，扩大后为长圆形稍隆起的黑褐色疮痂状斑块。

2. 携带病原细菌　病原细菌在种子上越冬，也可随病残体在土壤中越冬。冬季棚室外茄子上的病原细菌可持续扩展侵染危害，并成为翌年春露地栽培茄子的初侵染源。也可通过种子调运、风雨、昆虫、灌溉水和接触传播成为初侵染源。从寄主根部或茎基部伤口侵入，在导管里繁殖蔓延。

3. 易在高温多雨季节发生　连作地、田间低洼易涝、钻蛀性害虫多、连阴雨天气多、湿度大等条件下发病重。

（二）综合防治措施

（1）选用相应的抗病品种。

（2）实行与非茄科及十字花科蔬菜作物 3 年以上的轮作，避免连作重茬。改良土壤，整地时施入一些碱性肥料，使土壤呈微碱性，可有效抑制青枯菌的繁殖和发展。

（3）培育无病壮苗，提高寄主抗病力，提倡用营养钵育苗，做到少伤根。

（4）精耕细作，高垄栽培。

（5）合理密植。

（6）雨季及时排水，尤其是下水头不要积水，避免大水漫灌。

（7）保护地栽培要特别注意大棚温、湿度调节，加强通风，防止棚内湿度过高。对伏茬要采取避雨遮阴栽培。

（8）及时清洁田园，尤其是清除病残体，带出田园集中处理。

（9）采用配方施肥技术，加强栽培管理。要以经过充分腐熟的有机肥与氮、磷、钾肥料相配合作为基肥，并追施菌肥、微肥，喷洒叶面肥，结合施基肥深翻，高垄栽培，保护地要浇暗水。

（10）化学防治。在定植时用拮抗菌 MA-7 浸泡大苗的根或在定植后发病初期一般选择 72%农用链霉素可湿性粉剂、77%可杀得可湿性粉剂、14%络氨铜水剂、新植霉素、硫酸链霉素等化学药剂进行防治，防治宜早不宜晚。

第三节　茄子的虫害种类与防治

茄子的虫害主要有白粉虱、茄蚜虫、茄二十八星瓢虫、茶黄螨、红蜘蛛、蛴螬等 10 多种。对这些虫害的防治要采取农业防治、物理防治、药剂防治、生物防治相结合的防治措施，才能以较低的成本起到较好的效果。

一、蝼蛄

蝼蛄有两种,即非洲蝼蛄和华北蝼蛄,以非洲蝼蛄分布最普遍。

蝼蛄是多食性害虫,可以为害多种作物,成虫和若虫都能为害,在地下咬食刚发芽的种子或幼苗的根部,将幼苗近地面的嫩茎咬成纤维状,有时咬断。蝼蛄在苗床土壤表层穿行,造成纵横的隧道,使幼苗根系与土壤分离,失去水分而枯死,1个苗床中有几头蝼蛄就会造成严重损失。定植初期也会被咬断根系造成缺苗。蝼蛄白天潜伏在土壤中,夜间出来活动,在气温高、湿度大、闷热的夜间大量出土活动,有趋光性,并对香甜食物有强烈趋性。

在育苗床防治蝼蛄,可把原油用开水稀释,加入冷水后,缓慢注入蝼蛄穿行的隧道,蝼蛄就会爬出床面,1次即可捕捉干净。定植后在田间防治,一般将5千克玉米面放在锅中炒香以后,将90%美曲膦酯放入5升水中化开,把美曲膦酯溶液与玉米面调和好,放在蝼蛄容易出现处,每亩用150克,傍晚进行毒杀效果较好。

二、茶黄螨

茶黄螨又叫茶嫩叶螨、茶半跗线螨。主要为害茄子,也能为害其他茄科作物和瓜类。近年各地都有发生,为害比较严重。成螨、幼螨均可为害。一般集中在幼嫩部位吸食汁液,受害叶片变灰褐色,并出现油渍状,叶缘向下卷曲。嫩茎、嫩枝受害后变褐色,扭曲,严重时顶部枝干枯。果实受害后,引起果皮开裂,果肉种子裸露。

茶黄螨属蛛形纲,蜱螨目,跗线螨科害虫。雌成螨体长0.2毫米,体椭圆形,腹末端平截,体淡黄色,半透明。体躯分节不明显,足较短，第四对纤细，其跗节末端有端毛和亚端毛。雄成螨体略小于雌成螨，体近六角形，其末端为圆锥形，体淡黄色，半透明，足长且较粗壮，第三和第四对足基节相连接，第四对足的胫节和跗节融合成胫跗节，其上有1个爪，如同鸡爪状，足的末端为瘤状。幼螨体椭圆形，淡绿色，具3对足。若螨长椭圆形，是静止的生长发育阶段，被幼螨的表皮包围。

茶黄螨1年发生多代。在南方以成螨在土缝、蔬菜及杂草根际越冬。在北方主要在温室蔬菜上越冬。越冬代成虫于翌年5月份开始活动，6月下旬至9月中旬是发生盛期，10月下旬以后虫量随着温度下降逐渐减少。以两性繁殖为主，也有孤雌生殖的，孤雌生殖的卵孵化率很低。雌虫的卵产于叶背或幼果的凹陷处，散产，2~3天卵即可孵化。幼螨期2~3天，成螨期2~3天。

茶黄螨喜温暖潮湿条件，生长繁殖最适温度18~25℃，相对湿度80%~90%，高温对其繁殖不利。成螨遇高温寿命缩短，繁殖力下降，甚至失去生殖能力。

茶黄螨成螨活跃，尤其雄螨活动力强，雄螨并可携带雌性若螨向植株上部幼嫩部迁移取食。茶黄螨除靠爬行扩散外,还可借风进行远距离传播,向茶苗迁移。

发生茶黄螨后,可喷73%克螨特乳油2000倍液,或5%尼索朗乳油2000倍液,或20%灭扫利乳油3000倍液,或20%双甲脒乳油1000倍液,或25%扑虱灵可湿性粉剂2000倍液,或35%茶螨特乳油1000倍液。

三、小地老虎

属鳞翅目,夜蛾科,俗称截虫。地老虎的种类很多,对蔬菜为害较重的有小地老虎和黄地老虎,其中小地老虎分布最广,为害最重,黄地老虎只在局部地区发生。

小地老虎以幼虫为害,1~3龄幼虫能把地面上的叶片咬食成孔洞或缺刻,4龄幼虫夜间出来将幼苗从根颈齐土面处咬断,造成缺苗断垄。

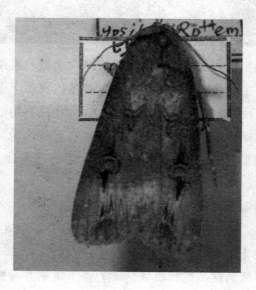

小地老虎的成虫是暗褐色中型蛾子,体长16~23毫米。卵为扁圆形,直径约0.5毫米,表面具有纵横花纹,初产卵乳白色,后变成黄色,孵化前呈灰黄色。幼虫为灰褐色,大龄幼虫体长30~57毫米,体表密生黑色小粒状突起,臀板为黄褐色,有2条黑色纵带。

幼虫共6龄,1~2龄幼虫多集中在植株心叶中或叶片下的土面,3龄幼虫白天潜伏在2~3厘米的表土里,夜间出来活动为害。4龄后可咬断秧苗,5~6龄为暴食期。所以,防治时必须在3龄以前消灭幼虫。

防治方法:防治小地老虎可采用诱杀成虫、除草灭虫、喷药消灭幼虫、毒土防治和毒饵诱杀等方法。

1. **诱杀成虫** 利用糖蜜诱杀或黑光灯诱杀成虫。

2. **除草灭虫** 春天定植茄子前,清除田间杂草,运出田外处理,以消灭虫源。

3. **喷药灭虫** 发现有幼虫为害时,立即喷20%杀灭菊酯8000倍液,或90%美曲膦酯800~1000倍液,或80%敌敌畏乳油1500倍液,防治1~3龄幼虫。

4. **毒饵诱杀** 毒饵的制作方法见防治蝼蛄部分,施用时先清除田间杂草,再于当晚施用。

5. **毒土防治** 在幼虫3龄前,用2.5%的美曲膦酯粉剂,或0.4%的二氯苯菊酯粉剂,每亩用2~2.5千克,加细土15~20千克,拌均匀后撒在茄子心叶里。

6. **药液灌根** 发现田间幼虫很多时,用90%晶体美曲膦酯1000倍液,或50%辛硫磷乳剂1500倍液,每株灌250毫升。

7. **人工捕捉** 早晨拨开被咬断、咬伤秧苗附近的表土,顺行查找,即可捉到3龄以后的幼虫。

第四节 生理性疾病的种类与防治

一、双子茄

双子茄又称双胴果。其产生原因是，茄子进入花芽分化期遇到低于15℃的低温、肥料过多、浇水过量等致生长点营养过多。过剩的养分供给分化、发育中的花芽，花芽的营养过剩，细胞分裂变得很旺盛，心皮数目变多。这些多心皮的子房，在发育过程中各个心皮不能整齐合一地接合在花托的中央，各个心皮和子房的发育变得不均衡，结果发育成双子茄。此外，生长调节剂使用浓度过大，也易出现双子茄。

防治方法如下：

（1）果实发育必需的营养是碳水化合物和氮、磷、钾等，它们是果肉细胞膨大所需要的细胞质和果汁的主要成分。为确保这些成分，要有充足的光照和充分的光合作用，同时要把温度尤其是夜温降低一些，经常保持茄子营养生长和生殖生长的平衡是很重要的。

（2）茄子花芽分化期要保持温度适宜。土壤水分和营养不宜过多。

（3）早春光照应达到8小时以上，尽量多见光。

（4）定植前10天要通风降温，白天20℃，夜间10~15℃，不要盲目抢早定植。

二、果形异常

防治方法如下：

（1）土壤稍微干燥时用植物生长调节剂处理则容易产生矮胖果，在湿度适中或湿度较高时生长的果实较好。

（2）肥料对果形有明显影响。采用配方施肥，氮、磷、钾、微肥、菌肥合理搭配，施用铵态氮不宜过多。

（3）钾不足时果实膨大也会受到显著影响，因此要供给足够的钾。

（4）一氧化碳的影响，易使果实膨大受到抑制。严重的时候会产生石果。受害轻的也会产生果形异常。

（5）采用番茄灵处理后的果形较好。

三、茄子裂果

裂茄有萼裂、果裂和脐裂果几种情况。脐裂果是茄子果脐部分的果皮裂开，以致胎座组织及种子有时向外翻卷、裸露。露地栽培茄裂果在夏秋季的茄子栽培中发生较多，萼裂、脐裂果多发生在棚室栽培。

防治方法如下：

（1）天气转晴之后，不要立即浇水追肥。应该给地温一个缓慢上升的过程，否则不仅容易伤根，而且会出现大量裂果。施用腐殖酸、微生物肥料混掺化学肥料（钾、钙含量高），效果尤佳。

（2）避免连阴天或者天晴之后马上使用膨果激素含量高的叶面肥。

(3) 叶面补充含钙叶面肥混掺萘乙酸。

(4) 天气晴好后，可以叶面喷施细胞分裂素、云大120、丰收一号，尽快恢复果实生长点的生长活性。

(5) 苗期花芽分化时，避免15℃以下的低温。

(6) 合理使用植物生长调节剂，注意使用浓度、使用时间及使用次数。

茄果类蔬菜生产 技术

第二篇
番 茄

第一章 番茄的品种与育种

20世纪70年代后,我国开始番茄育种工作,现已选育出一大批优良的番茄品种投入到生产中。针对番茄品种的抗病性能,选育出的品种由之前的不抗病发展到抗病,由抗一种病害发展到抗多种病害。针对番茄品种的不同用途,选育出适合加工的番茄品种、适合鲜食的品种以及水果用途的品种等。同时,国内保护地栽培技术的发展带来了一批国外的优良品种,这些品种一部分耐低温、弱光,适合贮藏、运输,可连续坐果,根部吸收养分能力强,适合长季节的栽培,高产优质,在很多方面都强于国内的番茄品种,在番茄生产过程中扮演着重要角色。不过这些品种的种子成本高,推广较为困难。下面是部分番茄生产中常用的品种。

一、优良的鲜食番茄品种

(一) 浙粉 202

浙粉 202 是浙江省农业科学院蔬菜研究所选育出的一种适合南方大棚和北方日光温室栽培的早熟番茄品种。该品种属于无限生长类型,生长能力中等,植株幅度小,叶片稀疏,茎秆比较细,第一朵花开在第 7 节上。果实近圆形,果皮较厚,不容易开裂。未成熟时果实浅绿色,没有果肩,成熟后为粉红色,每颗果实重量在 220 克到 250 克之间。该品种抗低温和弱光,可连续坐果,抗叶霉病以及烟草花叶病毒病能力强。

(二) 中杂 9 号

中杂 9 号是中国农业科学院蔬菜花卉研究所选育出的既适合保护地栽培又适合露地栽培的一代杂种,1994 年通过了河北省农作物品种审定委员会审定,1995 年通过了天津市农作物品种审定委员会审定,1998 年通过了全国农作物品种审定委员会审定。该品种属于无限生长类型,果实为圆形,果肉粉红色,每颗果实重量约为 200 克。商品果优异,品质好。该品种可抗烟草花叶病毒病、叶霉病、枯萎病以及黄瓜花叶病毒病,适应能力很强。

(三) 中杂 11 号

中杂 11 号是中国农业科学院蔬菜花卉研究所选育出的适合各地保护地栽培的中熟品种。2000 年通过了河北省和北京市农作物品种审定委员会的审定。该品种属于无限生长类型,果实为圆形,未成熟时没有绿肩,成熟后果实为粉红色,每颗果实的重量约为200克,很少有畸形果或裂果。该品种可抗病毒病、叶霉病以及枯萎病,一些生理病害如脐腐病、筋腐病等也很少发生,非常适合大棚栽培。

(四) 玛瓦

玛瓦番茄品种是直接从荷兰瑞克斯旺种子公司引进的一种适合早春和秋、冬季节日光温室栽培的中熟品种。该品种属于无限生长类型,果实为红色,形状扁圆,中等大小,每颗果实的重量约为230克,果实坚硬,适合运输和贮藏,可抗烟草花叶病毒病、枯萎病以及筋腐病等生理病害。

(五) 百利

百利是从荷兰瑞克斯旺种子公司引进的一种适合北方日光温室越夏栽培和南方露地栽培的品种。该品种属于无限生长类型,植株生长势强、耐热、抗高湿、高温,坐果能力强。其果实为圆形,红色,每颗果实的重量约为200克,质地坚硬,适合贮藏和运输,适合出口或者外运。

(六) 格雷

格雷是从荷兰瑞克斯旺种子公司引进的一种适合早春、早秋日光温室栽培以及越夏栽培的早熟品种。该品种属于无限生长型,生长旺盛,耐热,抗高温、高湿。其果实稍微扁圆,红色,中等大小,每颗果实重量约为220克,质地坚硬,适合贮藏和运输。可抗烟草花叶病毒病、叶霉病、黄萎病、斑萎病毒病以及枯萎病等。

(七) 秀丽

秀丽是从以色列泽文种子公司引进的一种适合冬春茬、早春茬以及秋延后栽培的早熟品种。该品种植株生长势强，耐低温和弱光，属于无限生长型。其果实红色，为扁圆形，果实较厚，质地坚硬，每颗果实的重量约为190克，适合贮藏和运输，可抗烟草花叶病毒病、叶霉病以及枯萎病等。

（八）圣女

圣女是由台湾农友种苗公司选育出的一种适合露地和保护地栽培的品种。该品种植株高大，节间距长，叶片稀疏，结果能力强，每穗可带50~60个果实，属于无限生长类型。其果实类似枣形，大红色，果面比较光滑，每颗果实重量约为14克，不容易裂果，适合贮藏和运输，味道独特，含9.8%可溶性固形物，可抗叶斑病、病毒病以及晚疫病等病害。

（九）金珍

金珍是由台湾农友种苗公司选育出的一种无限生长型品种。该品种植株高大，生长旺盛，结果能力强，叶片为淡绿色，果实为橙黄色圆形，每颗果实重量约为10克，质地坚硬，不容易开裂。口感好，味道佳，可溶性固形物的含量高于8.5%。

（十）碧娇

碧娇是由台湾农友种苗公司选育出的一种适合保护地以及露地栽培的品种。该品种生长旺盛，植株高170~250厘米，结果能力强，每穗可结15~30个果实，每颗果实重量约为18克，为椭圆形的桃红色果，皮薄，肉脆，甜度高。

（十一）春桃

春桃是由台湾农友种苗公司选育出的一种适合保护地以及露地

栽培的极早熟小果番茄品种。该品种从秋播到采收大概需要 100 天时间，植株高为 170~200 厘米，每穗可结果约为 12 个，每颗果实的重量约为 40 克，果实为桃形桃红色，肉脆，甜度高，产量高，适合做水果做菜，抗病能力强。

二、适合生产加工的番茄品种

（一）立原 8 号

立原 8 号是由山东潍坊种业公司选育出的一种早熟自封顶品种。该品种生长旺盛，植株高约 70 厘米，主茎干可生 3~4 穗花序。其果实为鲜红色长圆形状，着色好，果肉厚而紧，果面较为光滑，不容易开裂，每颗果实的重量约为 85 克。果实内含可溶性固形物为 5.4%，含番茄红素约为 103 毫克/千克。抗压，适合贮藏和运输，抗病能力强。

（二）新番 4 号

新番 4 号是由新疆农业科学院和新疆屯河种业公司一起选育出的一种晚熟自封顶品种。该品种生长旺盛，植株约高 72 厘米，主茎干可生 2~4 穗花序。果实为红色长圆类型，着色均匀，每颗果实重量约为 70 克。果实内含可溶性固形物 5.6%，番茄红素约为 134 毫克/每千克，质地坚硬，果肉厚，耐压，单果约抗 6 千克重物，不酸，适合番茄酱的加工，抗病能力强，亩产量高，约为 7000 千克。

（三）深红

深红又名屯河 48 号，是新疆屯河种业公司选育出的适合加工的晚熟自封顶一代杂种。该品种生长旺盛，植株高度约为74厘米，主茎干可生2~4穗花序。其果实为红色长圆形状，着色一致，每颗果实的重量约为80克。果实内含可溶性固形物5%，番茄红素约为133毫克/千克，单果耐压能力强，大约可抗7千克重物。质地坚硬，果肉较厚，不酸，抗病能力强，亩产量高，约为7000千克。

（四）石番15

石番15是由新疆石河子蔬菜研究所选育出的一种自封顶早熟品种。该品种生长能力中等偏上，植株高度约为70厘米，株幅大，叶片较大，主茎干可生3~4穗花序。其果实为红色的椭圆形，每颗果实重量约为92克，含可溶性固形物5.2%，番茄红素约为106毫克/千克，抗病能力强，单果耐压能力强，可承受约7千克重物。

（五）屯河26号

屯河26号是由新疆屯河种业公司选育出的一种适宜加工的自封顶中晚熟一代杂种。该品种生长旺盛，植株约高72厘米，主茎干可生4~5穗花序。其果实为深红色的卵圆形，着色均匀，每颗果实重量约为85克，含可溶性固形物5.2%，番茄红素125毫克/千克，果肉较厚，适合贮藏和运输，抗病能力强，可抗早疫病，单果耐压能力强，可承受约7千克重物，亩产量高，约为7000千克。

第二章 现代化的番茄育苗

第一节 嫁接育苗技术

利用番茄的高抗砧木品种的嫁接栽培技术可以有效地防治番茄的土传病害,如青枯病、枯萎病等。番茄的嫁接育苗技术是当前番茄生产中抗病增产、重茬栽培解决连作障碍的有效方法。番茄进行嫁接后,可以明显推迟土传性病害的发病时间,降低发病率和病情指数,还能降低非土传性病害(晚疫病、白绢病、叶霉病以及病毒病)的发病率以及病情指数。同时,砧木更容易吸水、吸肥,可使果实优质生长、增加果实单果重量、延长盛收期、推后终收期,从而很好地解决番茄连作中严重减产的问题。嫁接育苗技术可帮助番茄安全、高效、高产生产,具备良好的发展前景。

一、嫁接砧木的选择

优良的抗病砧木品种中"15-89""BF 兴津 101"等可抗青枯病,而"影武者""加油根 3 号""超级良缘"等则针对番茄的枯萎病、根腐枯萎病、黄萎病、青枯病以及根瘤线虫病这些主要的土传性病害，同时还能适应长季节的栽培。我国北方地区进行番茄嫁接适宜选择抗线虫病、黄萎病以及枯萎病的砧木品种；而抗青枯病的砧木品种，如"桂砧一号""砧木一号"或者野生番茄等则适合南方地区的番茄嫁接。

二、嫁接育苗的方法

1. **劈接法** 在接穗前5~10天先将砧木进行播种，进行嫁接时，平切掉砧木第二片叶，仅保留下部，沿茎用刀往下劈切1~1.5厘米豁口；进行接穗时，连叶片一起平切掉第二片叶，保留上部，沿着茎用刀削成约为1.5厘米的楔子形状。接着，把接穗插入砧木劈开的部位，上嫁接夹，遮阴、保湿，约5天后嫁接苗即可成活，再进入苗期管理阶段。

2. **靠接法** 靠接法需要将砧木和接穗一起播种，等到砧木和接穗长出3片真叶，子叶和第一片叶子之间的茎干约为4毫米粗细后便可进行嫁接。选择在砧木子叶和第三片真叶之间，由上而下斜切一刀，刀口约长1厘米，深度约为茎干粗度的2/5；之后在接穗相同的地方由上而下斜切一刀，切口长度、深度与砧木相同，将两个切口交叉，用特制的塑料夹夹在接口处。靠接之后需要把嫁接苗尽早转移到营养钵中，放入大棚或者温室里，适当遮光，保持较高的温度、湿度2~3天。7天后，切断一半嫁接部上方砧木的茎以及下方接穗的茎，再过3~4天后全部切断。

3. **插接法** 在接穗前7~10天播种砧木，等到砧木长出3~4片真叶时进行嫁接，嫁接时选择砧木第一片真叶的上方横切，去腋芽，使用和接穗同等粗细的竹签在切口插孔，深度为3~5毫米，接穗的第一片真叶下方削出楔形，插入孔中。后期管理与靠接法相同。

三、嫁接育苗后的管理

番茄进行嫁接后,要封闭育苗场所,保持嫁接后 3~5 天内空气的相对湿度为 99%,调节到最适宜生长温度 25℃,并及时为苗床浇水,盖小拱棚密闭处理,嫁接前 3 天可以不通风,第三天后挑温暖、空气湿度比较高的傍晚或者清晨,通风 1~2 次。将白天温度控制在 20~26℃,夜间温度控制在 16~20℃,防止温度过高或者过低引起的接口不愈合,影响成活率,温度高、光照强烈时需要加遮阳网,温度低时需要人工补充温度(使用电热线等),防止冻害发生。

第二节 工厂化育苗技术

工厂化育苗又被叫做快速育苗,指的是对催芽出苗、幼苗绿化以及成苗和秧苗锻炼等环境条件进行育苗工厂内部的人为控制,按照规定和流程进行育苗。这种育苗技术缩短了育苗时间,增加了产量,秧苗品质好,非常适合大型番茄生产基地中的大批量、商品化的秧苗生产。

一、育苗设备的种类

工厂化育苗目前在我国的建设还不够完善健全,大部分地区的工厂化育苗设施相对简陋,大多是将塑料大棚或者温室改造而成,环境控制与管理主要也是手工操作,机械化、自动化以及秧苗商品化还未得到广泛应用。

工厂化育苗设施与设备包括催芽室、绿化室、分苗棚以及育苗盘等。

1. 催芽室　催芽室的作用主要是帮助种子浸种、催芽以及出苗，面积一般不足 10 平方米。催芽室由砖和水泥垒成，里面放 1~2 辆育苗车，育苗车上每层苗架间隔 15 厘米。催芽室采用地下增温法，在高于地面 5 厘米的地方，装两根 500 瓦电热丝，均匀铺在地面上，加盖有孔的铁板，帮助增加散热的面积。为了保证室内适宜的湿度，加自动加湿器或者把水盆放在地面上。一般情况下催芽室内的温度应维持在 28~30℃，相对湿度维持在 85%~90%，利于出苗，催芽室顶部或者房顶对角安装 1~2 个排风扇防潮，便于空气对流，温度平衡，为了方便控制温度，可安装空调设备。

2. 绿化室　绿化室的作用是帮助番茄幼苗子叶绿化和生长，一般使用采光便利的日光温室或者塑料大棚。为了稳定绿化室内的温度，一般在绿化室内用砖砌高约 50 厘米、宽约 120 厘米、长度不定的绿化池，池内建每平方米 100 瓦的电热线帮助加温，设铁架放育苗盘，也可以在电热线上面加约 5 厘米厚度的土，将育苗盘放在土做的床面上。在绿化池的上面加塑料薄膜的小棚以及草苫或者棉被维持温度。有时候为了降低成本，可不建绿化池，直接在塑料大棚或者日光温室的地面上建电热温床，将育苗盘摆放在上面，电热温床上盖小拱棚、草苫或者棉被进行保温。如果资金充足，也可以不需要电热线和小拱棚，直接采用智能温室，自动调控温度、湿度以及光照。

3. 分苗棚　分苗棚可以帮助番茄分苗或者在移苗后培育大苗，一般采用大棚或者日光温室。苗床里是否建地热线可以根据当地的气候进行选择，上加小拱棚，夜间加草苫或者棉被进行保温。使用现代化智能温室进行育苗时，采用穴盘一次性育成苗，一般不需要分苗棚。

4. 育苗盘　一般的育苗盘的长、宽为 40 厘米×30 厘米，高约 6 厘米，进行工厂化的番茄育苗时大多使用穴盘育苗法，穴盘有 72 孔、128 孔。

二、工厂化育苗的方法

1. 准备育苗基质　大规模的商品化育苗时大多采用草炭、珍珠岩和蛭石以 6∶3∶1 的体积比例进行混合作为育苗基质。部分基质，如使用过的基质或者混合使用的基质，需要在再次使用之前进行发酵以及消毒处理，防止出现烧根、烧苗现象，防止幼苗发生病虫害。使用机械化消毒时，先把混配的基质放到消毒机内，调温度为 80℃，高温杀菌 10~15 分钟。如果没有消毒机，可以在每立方米基质中加多菌灵 200 克，搅拌均匀后进行药剂消毒，密封 5~7 天后取出。搅拌时加入的水分，以用手抓紧后能微微滴水为标准。

2. 装盘、压穴　育苗基质准备好后将其放置在穴盘中，刮平表面，之后用同等大小的穴盘叠加约 4 个做成压穴器，在装有基质的穴盘上面进行压穴，如果有条件，也可以使用播种生产线用的打孔器，调好深度，对穴盘基质进行打孔。

3. 播种　使用专门用于播种的真空吸附式精量播种机进行播种或者使用人工播种，每个穴盘孔内放 1 粒种子。

4. 盖种与浇水　播完种后，使用蛭石盖平播种穴，浇水到穴盘下方渗出为止。

5. 催芽　穴盘播种后进催芽室，上催芽架，调节适宜温度和相对湿度进行催芽，当幼芽将要露出穴盘基质时，再转移到绿化室内进行培育。

6. 绿化到定植前的管理　为了方便幼苗生长，绿化室内应维持适宜的温度、良好的湿度以及较强的光照，进行手工操作管理时与一般的育苗技术相同，进行智能温室育苗时，可以通过设定具体的温度、光照以及湿度的参数从而实施自动化的管理。

如果幼苗长出两叶一心，则开始查苗以及补苗，如果幼苗有1~2片真叶已经展平，则可以浇营养液。一般情况下，营养液的浇灌以育苗盘底开始渗水为准，而浇灌次数则与幼苗的长势和天气状况有关。夏季进行育苗时，晴天时每天可浇2~3次，阴天时可浇1次或者不浇；冬春季进行季育苗时，1~2天浇1次就可以。

第三章　高效益的番茄栽培

第一节　适宜的栽培季节

番茄不抗高温以及霜冻，在番茄生长期内，要保持日温在15℃以上，同时没有高温或者多雨天气。

由于我国各地气候条件不同，全国大体可分为四个番茄的生长季节区域，分别为东北区域、华北区域、长江中下游区域、珠江流域。

南方长江中下游区域以及云南、贵州地区的番茄栽培季节主要是春、夏两季，少数可在秋季栽培。春夏季的番茄又叫春播番茄或者春番茄,秋季栽培的番茄又叫秋播番茄或者秋番茄,春番茄的冷床或者温床播种育苗集中在11~12月,清明之前可以定植到露地,5月下旬可进行采收,6月下旬以及7月上旬达到盛果,7月中、下旬进入末果期。早熟种一般会提前半个月左右。

番茄在四川盆地的栽培需要提前育苗以及定植,一般在3月上旬定植露地,同时用化学药剂处理因低温而落花的问题。7月中旬,由于昼夜温度高,植株容易衰弱,可采用秋番茄进行栽培,或者在海拔高的地方或深丘陵区采取番茄晚熟品种的栽培,可以将供应期延长到8~11月。栽培过程中注意对番茄青枯病、晚疫病以及病毒病进行防治。

珠江流域夏季气温高,持续时间长,5~10月的平均气温可达24~28℃,冬季气温也不低,因此比较适合秋、冬两季的栽培。露地播种和育苗选择8~9月,采收期定在11月到次年3月。其中福建北部的秋、冬番茄,需要7月播种,10月进行采收。

第二节 番茄的日光温室栽培

一、早春茬番茄的栽培

番茄日光温室早春茬栽培的优点是产量高、风险小、收益好、发展前景广阔。要想培养日光温室番茄早熟和丰产,必须根据当地气候条件,使温室性能适应于番茄生长发育必需的生态条件。

(一)品种选择

在早春茬番茄的生长前期,一般温度较低、光照弱、日照较短,导致植株营养积累较少,生长发育不良,徒长,坐果率不高,甚至产生畸形果。因此,种植早春茬番茄必须选择适应能力强、耐低温、抗弱光、抗病能力强的品种。同时也要满足市场的需求,注重番茄

中杂 9 号

果实的大小、颜色、味道以及储运等基本性状。既做到高产优质,又做到销售多、经济效益好。常用于早春茬日光温室栽培的品种包括中杂 9 号、L-402、西粉 3 号、毛粉 802 等。

(二) 播种前的准备

早春茬番茄的育苗基本选在寒冷的冬季,因此,作好播种前的各项准备十分重要。

1. 苗床准备 苗床应选择靠温室近的地方或者安放在温室里,占地约 5 平方米,长×宽为 5 米×1 米的畦,并且为了提高地温,需要提早 10 天进行翻畦晒土。为了方便早春茬番茄的冬季播种,阳畦要求有充足的光照或者在温室里进行育苗。

2. 配制营养土 配制营养土时要求疏松通气好,在方便分苗移植时起苗,尽量少伤害根部;土质要求肥沃,富含营养;酸碱度合适,最好为中性土壤;土壤中没有害虫以及病原菌。营养土进行配制时要求园田土和有机肥的比例为 6∶4,加 1 千克复合肥,250 克多菌灵,搅拌均匀后筛土,平铺到育苗床约 10 厘米厚。另一种配

制方法是按照体积加 1/3 的大田表土、1/3 细炉灰以及 1/3 腐熟的农家肥。

3. 种子处理

（1）确定品种之后，需要根据实际的栽培面积准备种子，一般每亩番茄地需要准备 40~50 克种子。

（2）首先需要把种子在光照条件下约晒 2 小时，然后放在少量的清水里浸湿，再倒入约 55℃热水中烫一下，烫种时需要不停地搅动热水，维持水温和烫种的时间，达到充分杀菌的效果，15~20 分钟后再加入冷水降温，30℃以下后冲洗干净再放入温水中浸泡，约 6 小时后取出。

（3）种子浸泡消毒之后，沥干外面的水分，用湿毛巾、纱布或者干净的湿麻袋片包好放到瓦盆里面保湿，再放到 25~30℃的环境中进行催芽，催芽时需要每天翻动 2~3 次种子，并保持种子透气、受温均匀以及出芽齐整。为了保持种子适宜的水分，干净的种皮，需要每天用约 30℃的温开水对催芽种子进行清洗，2~3 天种子便会出芽，约 60%种子露白后可进行播种。遇上天气不好的情况，可将种子过一遍冷水，并放在 8~10℃阴凉地保湿蹲芽，等天气好时再进行播种。

（三）播种育苗

1. 播种　播种应选择晴天，在上午等水渗以后，将 1/3 覆盖药土撒到畦面上，然后撒播播种。首先把种子和细沙或者细干土混合均匀，使种子颗粒状分开后均匀地撒到畦面上，然后用剩下的 1/3 药土撒到种子上，再加一层营养细土，覆盖营养细土时应该多撒几次，总厚度保持约 1 厘米即可。

2. 发芽期管理　种子的发芽期指的是种子萌动到显露第一片真

叶之间的时间，一般为 10~14 天。为了帮助幼苗提前出土，最好尽量地提高温度，使白天气温保持在 28~30℃，夜晚气温在 18~20℃，床土的温度达 20~25℃。发芽期的管理要求白天密闭薄膜以及通风口，温室的草苫需要早盖晚揭，充分利用加温措施以及保温覆盖，保持适合的温湿度。如果其间降温幅度非常大，需要在夜晚加盖小拱棚。

3. 幼苗期管理

（1）番茄的幼苗期指的是显露第一片真叶到显现花蕾为止，一般为 45~50 天，如果温度低，光照不足，则会延迟 10~15 天。幼苗期是幼苗的下胚轴形成高脚苗的关键时期，出土时，应及时撤掉薄膜，降低温度和湿度，防止高脚苗以及猝倒病。阴天和温度高的夜晚容易导致幼苗徒长，因此幼苗期时应维持白天温度在 20~25℃，夜晚温度在 12~14℃，温度达到要求后，需要及时去掉温床上的小棚，适时覆盖温室草苫，使幼苗接受充足的光照。

（2）疏苗间苗可以保证幼苗有充足的营养面积，防止拥挤徒长。第一次疏苗一般选择幼苗出土、子叶开展以及心叶出现时，首先去除苗床内的杂草，除去弱苗以及畸形苗，然后梳理双棵苗以及多棵苗，使每棵苗都单独成株。第二次疏苗在幼苗长出 1 片真叶后，一般是淘汰劣质幼苗，保持幼苗之间的距离约为 2 厘米。

（3）冬季育苗时，由于天气寒冷，室内的温度较低，因此除了播种时浇水，分苗前都不需要浇水，一般是通过覆土的方式进行保墒。覆土选在种芽拱土、幼苗出齐以及间苗之后，在晴朗天气的中午前后，如果幼苗叶片上没有水珠则可以进行覆土。覆土要求均匀，每次厚度约为 0.3 厘米。

（四）分苗

为了扩大单株的营养面积，促进花芽的分化与形成，需要及时对番茄进行分苗，分苗一般选在番茄幼苗长出 2~3 片叶子后，其壮苗要求根系发达，土坨完整，幼苗约高 25 厘米，早熟番茄品种需具 6~8 片叶，中熟番茄品种需具 8~9 片叶，叶子为深绿色，茎的粗度约为 0.7 厘米，第一节花序出现花蕾。

(五) 定植

番茄定植之前应该做好准备工作，如维修日光温室的拱棚、修补或者更新薄膜、施肥整地以及对日光温室进行消毒等。

定植应选择 2 月上旬，地温 12℃ 以上，畦高 10 厘米，在晴天的上午进行，按照植株间距 28~30 厘米、每高畦栽 2 行进行定植，一般每亩可栽 3500~4000 株番茄。根据一定的株行距挖坑后，把土坨完整的壮苗放入坑中，点水浇透土坨，等水渗之后加土封定植口，整理垄形，加盖地膜。

二、秋冬茬番茄的栽培

地理纬度较高或者日光温室的保温能力弱的情况下适合种植秋冬茬番茄，低温季节进行拉秧，等早春时节再种植瓜类蔬菜。秋冬茬番茄主要供应元旦和春节两大节日市场，掌握好了稳产高产的技术，亩产量高，可达 8000~8500 千克，帮助菜农种菜致富。

(一) 选择品种

秋冬茬日光温室栽培，其苗期和定植后处于高温季节，容易发生病毒病，因此在选择品种时需要选生长能力强、抗病毒病能力强的中熟或者中晚熟番茄品种。目前常用于番茄生产的有毛粉 802、佳粉 10 号、中杂 9 号、中蔬 6 号等。

红富堡西红柿

(二) 播种前的准备

1. 苗床准备　育苗床要求地势高，排水和灌水便利，通风好，做苗床时可利用旧棚膜的日光温室或者排水好的地方，苗床要求高10厘米，宽约1.2米，长度根据需要决定。首先在苗床上面搭建1~1.5米高的棚架，在四周加防虫网，顶部加用来防雨的旧塑料膜，塑料膜上需要盖帮助降温保湿的草苫或者遮阳网，防止高温造成的危害。一般每亩番茄需要苗床5~7平方米，每平方米的苗床需要加3~5千克腐熟的大粪、20~25克磷酸二铵，将土、肥搅拌均匀后等待播种。

2. 浸种催芽　播种前需要对种子进行消毒（国外的品种大多进行过包衣，不需要消毒），帮助消除种皮上的病毒，控制番茄的病毒病。一般的消毒方法为用50~55℃热水进行烫种，烫种时需要不断搅动热水并加热水，稳定烫种的水温和时间，10~15分钟后用10%磷酸三钠溶液或者1%高锰酸钾溶液浸泡种子，10分钟后用清水清洗，继续浸泡约4小时，然后催芽1天。

(三) 播种育苗

1. 播种　进行秋冬茬番茄的播种时应选择7月中下旬到8月上中旬，平均日温23~25℃。播种过早时，易发生因高温引起的病毒病，病情严重时将严重影响产量；播种过晚时，易发生因低温、光照不足引起的植株上部分果实畸形，从而影响产量。因此，因地制宜地选择播种时间十分重要。

播种前应浇足底水，播种后需要在上面盖一层1厘米厚的细土，为了防止蝼蛄危害，需要将拌好的毒饵撒到床面上（把1千克的麦麸炒熟，出香味后，加30~50克2.5%的美曲膦酯粉，加少量水搅拌均匀），每床撒150~200克，上盖湿报纸或者被水泡过的稻草进行遮光保湿，出苗后去遮盖物。

2. 苗期管理　进行秋冬茬番茄栽培时，其育苗期多在高温多雨时节，因此苗期管理应做到以下几个方面：

（1）播种后加小拱棚，覆盖遮阳网，防高温、防雨。

（2）在种芽拱土将出苗的时候，需要在床面上撒一层细土，增加压力帮助种子脱皮，防止种苗出土时"戴帽"。之后在幼苗子叶展平时间苗1次，疏除密集苗，防止高脚苗；幼苗出第一片真叶时再间苗1次，剔除弱苗以及不正常苗，保持苗间距约为2厘米，同时除杂草。

（3）气温高、床土干旱时，可选择幼苗出齐或者间苗后进行浇水，浇水时需选择早晨或者傍晚温度较低的时候。同时，根据幼苗具体的生长状况以及天气情况适当地浇水。

(四) 分苗方法

分苗可以防止幼苗伤根，从而减少病毒病，一般分苗选在幼苗长出2~3片叶子时。分苗的苗床大小以及施肥量与苗床相同，每株行距保持在10~12厘米，也可以按10厘米×10厘米进行营养钵分苗，营养土的配制与早春茬番茄栽培时的营养土配制相同。在分苗前，苗床需要先浇水，为了减少伤根，应保持土坨完整，再进行移植，保证分苗之后生长恢复。苗床分苗的时候需要每行开沟浇水进行栽苗；使用营养钵分苗时，浇水与分苗同步；分苗完成之后为了降低温度，为幼苗营造一个尽快缓苗的适宜环境，苗床需要浇透水。

(五) 定植

1. 施肥整地 如果是一般菜田，需要每亩施农家肥5000千克或者撒500千克膨化鸡粪、40千克硫酸钾、20千克磷酸二铵、40千克过磷酸钙同时加50%多菌灵2.5千克对土壤进行消毒处理。施肥后深翻土壤做畦，约翻40厘米，之后按宽、窄行(70~80)∶(40~50)的比例进行开沟。

2. 定植时期 定植时期一般选在播种后20~30天，真叶长出2~4片时。8月中旬到9月上旬，日平均气温降低到20~25℃时即可定植。为了使幼苗定植后处于凉爽的环境中，避免凋谢枯萎，定植时应选在阴天或者傍晚，帮助幼苗生新根、缓苗。

3. 定植方法 在定植的前1天应该先给苗床浇水，定植的时候按照苗间距切土坨，挖苗，淘汰劣质苗，严格选苗栽培。植株间距按30厘米进行栽苗，一般每亩可栽植约4000株。定植后需要及时浇水，然后每畦加两条软管后加盖银灰黑色双面地膜，或者把畦做成瓦垄畦式，畦中间挖灌水沟，加覆地膜，灌水沟要求深10厘米。

4. 防植株徒长 由于定植后温度高，多雨，秧苗容易疯长，造成番茄坐果以及果实膨大生长，为了防止植株疯长，在定植后到第一节花序开花之前，需要每隔约9天喷洒0.1%矮壮素溶液1次。

第三节 番茄的摘心栽培技术

一、大棚栽培技术

（一）栽培方式的特点

这是一种从夏季至晚秋（6~12月）的栽培方式。在大型大棚中可以与半加温番茄、黄瓜轮作。在管架大棚中还可与甜瓜、西瓜等进行轮作。

大型大棚栽培，在收获后期要加温，而管架大棚栽培，因无加温设备，在降霜期的11月即结束栽培。

在整个栽培期间，此栽培方式比较容易为番茄的生长创造一个适宜的生长环境，因而易于栽培。

反过来说，即使任其自然，植株也可以照样生长，但往往出现因栽培管理不善而不能发挥品种潜力的情况。另因生长条件优越，有时管理作业跟不上生长发育。

在经营管理上，因在大棚条件下栽培的番茄处于极好的生长环境中，故其生产成本低。

但是，这段时期也可露地栽培，所以会因生产上有竞争而造成经济效益不佳。近年来由于露地栽培面积减少，这种栽培方式的经济效益正转向稳定。

（二）育苗

1. 品种选择 选种首先要好好考虑管架大棚和大型大棚栽培的

轮作。如是短期栽培,要选择早熟品种;如是长期栽培,则要选择普通品种。由于是在高温多湿条件下栽培,病虫害比较严重。因此,抗性越广的品种越易于栽培。常见的病虫害有:青枯病、晚疫病、萎蔫病、褐斑病、线虫病、烟草花叶病毒病及黄瓜花叶病毒病等。

此外,因栽培条件好,即使注意肥水管理也极易出现营养性生长过旺现象,容易发生异常茎。不过,不同品种之间差别较大,选择品种时要注意这一点。

2. 播种与育苗　每亩准备 50~70 克种子。事先要了解品种对烟草花叶病毒病及溃疡病的抗性情况,进行种子消毒。如种子未进行消毒时,可用 55℃的温水浸泡 25 分钟。

因处于高温期,播种最好采用箱播。在凉爽的地方催芽,在棚内育苗。棚周围要拉上窗纱,以防蚜虫飞进,传播黄瓜花叶病毒病;或者利用能吸收近紫外线的薄膜作大棚。

采用速成床土很方便,将粗糠熏炭和细泥炭土各一半混掺,堆成 5~6 厘米的播种床,充分灌水后播种。发芽后喷洒 OKF_1（我国用磷酸二氢钾）等 500 倍溶液来补给营养。

温度管理,温度不能过高,要尽量把昼夜温度控制在 25℃左右。另一方面,如持续出现梅雨,昼夜温度过低,会出现畸形果。

分苗时,将 1.5~2 叶的番茄苗移至用溴甲烷消过毒的沙和泥炭土按 7∶3 制成的培养料内。在浇水时兼施 OKF_1 等液体肥料。这样,经过 35~40 天即可培植出定植苗。

出苗后至分苗前可能发生褐斑病、早疫病,要喷洒 1~2 次代森锌 1000 倍溶液。此后有可能发生晚疫病,可采用同样的方法进行预防。发生蚜虫、温室粉虱时要尽早喷洒杀虫剂。

(三) 定植

1. 整地　事先要了解定植田的发病情况。在线虫病危害严重的地方，耕种前每亩要施 14~20 千克 D-D 等杀线虫剂。耕种后如再浇灌同样数量的 D-D，效果更好。

2. 施肥　普通的施肥方法是将所有底肥铺施，然后进行旋耕。这样，耕层浅，底肥只被施到表层土内，所以，番茄定植后迅速吸收，生长初期植株长势过旺，但到第三花序后因肥效不足造成大量落果。由于根浅，还易出现大量脐腐病或裂果。

为防止出现这种现象，要精心施肥，把肥料施到土壤深层。在畦中间或边缘挖一宽、深各 40 厘米的沟，将肥料全部撒入。如果可能的话，在沟底铺一层秸秆，以提高通气性。然后将土和肥料掺在一起，通过旋耕埋入沟内。全部耕平之后搁置 7~10 天，使土壤的物理性状稳定。地下水位在 70 厘米以内，可将栽培床做成高 20 厘米左右的高畦，如地下水位深于 70 厘米，可以不做高畦。这样也能确保根系有一个良好的生长环境。根系易伸入深层，从而明显减少因湿度或低温的影响而产生脐腐病及裂果。

3. 幼苗质量与栽植方法　定植对幼苗质量的要求因整枝方法的不同而不同。如采用单干整枝，应使用第一花序呈现大花蕾的大龄苗，易于生长平衡。

如是早熟型番茄，由于初期要强化生长，故以开花时间为 7~10 天的幼苗为宜。

采用连续摘心整枝法，以 5~7 叶的小龄苗为宜。大龄苗易早衰，承载能力差。

单干整枝的栽植按惯例进行。畦宽 1 米，行距 0.40~0.50 米，栽种 2 行，过道宽 1 米，每亩栽 1500~1600 株。连续摘心整枝栽培时，行距 1 米，株距 0.30~0.35 米，每畦栽两行，过道宽 1.4 米，每亩定植 1530~1660 株。

不论哪种栽植方法，都要尽量在整个栽培期确保茎叶有足够的透光性。

(四) 定植后的管理

1. 温度管理　大棚栽种番茄正处在高温期，茎叶易徒长细弱，透光性变差，会出现许多空心果，还会因干燥而出现脐腐果。

温度管理始终要依据番茄的生长特性，昼温控制在 24~25℃，夜温控制在 15~20℃。

为此，从定植期开始，就要经常打开大棚的天窗和侧窗，充分通风换气。像管架大棚那样换气部位多的大棚，可将侧面塑料薄膜拿掉，但发现蚜虫时，要拉上窗纱，防止黄瓜花叶病毒病的传染。大型管架大棚，尤其是连栋大棚，温度易偏高，中午棚内温度可达 40~45℃，地温上升到近 30℃ 时番茄易发生青枯病。由于气温高，植株体内的养分消耗过度，导致生长不良，花数锐减，花的素质明显下降。因此，在连栋大棚或大型大棚这种换气困难的情况下，即便是白天，也要用黑窗纱覆盖顶部，以避免棚内温度过高。

9 月以后，昼夜温度降低，温度容易管理了，番茄的生长、坐果、果实的发育开始好转。进入 10 月，昼温姑且不论，夜温却大大下降。如昼夜打开大棚，夜温甚至会降至 10℃ 以下。从这时起，如是管架大棚就在侧面盖上塑料薄膜，选两头进行换气。

低温期来临时，番茄生长明显变差，且果实着色不良，出现裂果。这是因棚内湿度及土壤水分变化大所致。当然，这与温度也有关系。所以，要注意加强昼夜的温度管理，尤其是夜温要保持在 10℃ 以上。

2. 水分管理　定植期处于高温期，土壤很干燥。番茄定植前一天，对畦面干燥部分洒水，使之湿润。为使定植后的番茄根系尽量扎深，要控制浇水。因根系过浅，受气温及干燥土壤的影响，易发

生脐腐病或裂果。

番茄成活后也要控制浇水。第三花序开花、第一果穗膨大时开始正常浇水。要定期浇水，不让根际土壤变白，一次浇水量为10~30毫米。这一时期如浇水不足，会出现脐腐病，影响果实发育。

进入10月后，地温、气温开始下降时，要控制浇水，使表土层干燥，以提高地温。这时即使控制浇水，番茄根部也可扎到深层，不会严重影响番茄生长。11月以后，如需要浇水，要设法将水灌入土层深处，使地表干燥，提高地温。

3. 追肥管理 对底肥，要通过浇水和温度管理来提高肥效。追肥管理要依整枝方法而定。

采用单干整枝时，因初期生长旺盛，需肥量大，所以，应及时追肥。第一果穗开始膨大时进行第一次追肥，使用速效复合肥，在根部挖一深约10厘米的沟，每亩施入约14千克肥料。原则上每月追肥1次，如果仅靠复合肥不能满足需要时，可同时施用液体肥料，以维持番茄长势。

连续摘心栽培时，底肥量大，追肥可以晚些时候进行。第一果穗开始膨大时只浇水不施肥。追肥要看生长点的长势，基本枝生长点不整齐时，施用肥料。这大体上是第一果穗开始收获或第五花序正开花时。与单干整枝的施肥一样；在根部挖沟，每亩施14千克肥料即可。追肥每月1次，直至收获结束的前1个月为止。

4. 整枝法 大棚栽培的栽培期较短，仅收获果穗6~7个，因而整枝较简便。

单干整枝，用竹竿或绳子牵引。

8层摘心栽培，其基本株型为4个基本枝，每一基本枝上着生2个花序。第一基本枝离地面40~50厘米，以后每隔25~30厘米留一基本枝，直到第四基本枝。此时植株的高度为140厘米左右。基本枝长度以 2 层摘心为目标，约 30 厘米。支柱采用竹竿较方便，但用绳子牵引也可以。

实际上，番茄是按照第一花序、第二花序依次开花的。连续 2 层摘心整枝时，第二花序留前 2 叶后尽早摘心，以此为第一基本枝。其他节位上也会长出许多侧枝。紧靠第一花序的侧枝生长旺盛，以此为第二基本枝，使其长出第三、第四花序，留前 2 叶后摘心。采用同样的方法，确保番茄有 4 个基本枝。

如田间管理就此撒手不管，基本枝和主干上的枝叶会混杂在一起，透光性差。这时要掐芽、摘叶、扭枝。

掐芽不可过早，过早会抑制番茄生长。第一次掐芽，在对第二花序实施激素处理时进行，但只除去 10 厘米以上的侧枝。此后，要摘去影响基本枝、果实透光性的叶和侧枝。

扭枝很简单，用右手轻轻捏住基本枝第一花序的基部向左或向右轻轻扭枝（像拧抹布那样）。扭枝最好在晴天的下午进行，这时植株体内水分少。

二、半加温栽培技术

（一）栽培方式的特点

大棚栽培的出现是这种栽培方式的基础。因此，我国采用这种栽培方式栽培番茄最多。开始时，利用简单的竹篱塑料大棚栽培，而最近开始利用很漂亮的管架大棚进行加温栽培。

在栽培技术方面，从很多人都采用此法这一点即可看出，本栽培技术简单实用且易于掌握。之所以这样，是因为它从育苗至整个栽培过程中，温度及肥水管理比较容易，番茄株型的修整也较容易。

因此，番茄的生长稳定，不易因个人的技术差别影响产量及品质。

由于栽培技术简单易行，栽培面积大，总产量也就非常大，因此，销售价格也就不那么高。特别需要指出的是，此方式有上市越晚价格越低的缺点。正因如此，本栽培方式在经营上稍微不够稳定。为了稳定经营，就要下工夫扩大种植面积来提高收益，但又苦于劳力不足，实在是一件令人头痛的事。

(二) 主要适种品种的特性

（1）TVR-2。即使在加温栽培中，TVR-2也是一种受人喜爱的品种。它的突出优点是风味好，产量高。该品种叶大茎粗，节间短，生长旺盛，花多，坐果率高。果实多为150～200克的中大型果，脐部尖，果形整齐，果肉紧实，果色粉红，风味佳，耐贮藏。

栽培时使用5～7叶苗，初期要稍微控制其生长。坐果后因花多要及时追肥。抗病性方面，对萎蔫病及烟草花叶病毒病有较强抗性，对于其他病虫害，要通过适当喷洒药剂、土壤消毒进行防治。

（2）大型瑞光。该品种叶大，节间长，生长旺盛。第一花序为6～7朵花，上部花序为复花序，其中第一朵花为无效花。果形扁圆紧实美观，优质果产量高。其抗病性方面，对萎蔫病及烟草花叶病毒病均有较强抗性，易于栽培。栽培时采用5～7叶苗，夜间温度控制在4～6℃之间。

（3）瑞光102。该品种叶色浓绿，叶大，茎细，易于栽培。花多，第一朵花会出现无效花。果实为扁圆形，大小均匀，肥大，优质果产量高。抗病虫害方面，除抗萎蔫病及烟草花叶病毒病，对线虫病也有一定抗性。易于栽培，栽培时采用开花前的5～7叶苗，夜温控制在4～7℃。

(三) 育苗

育苗利用温床在大棚内进行。电热温床更方便，易使幼苗发育整齐。电热温床的温度保持在 25~30℃，每 3.3 平方米要配电 200~250 瓦。

每亩要准备 50~70 克种子。为预防溃疡病，要在 55℃ 的温水中进行种子消毒。如果品种弱抗烟草花叶病毒病或易感病，要用 10% 的磷酸三钠消毒 20 分钟，水洗，晾干后播种。另外，将种子置于 77℃ 干燥环境中消毒 3 天对防治烟草花叶病毒病效果更好。

播种苗床的土如使用粗糠熏炭或在粗糠熏炭中掺入 30% 的细泥炭土，混合做成培养料（我国多用草炭和蛭石，掺入少量复合肥作为营养土），分苗时即可不伤其根部。床土使用沙土或红土时，要用溴甲烷认真消毒。

播种床可用一部分育苗床或另用其他土箱育苗，床土厚 5~6 厘米，要预先灌足水。按照播种宽度为 6 厘米，株距 1.5 厘米的距离进行点播。为防治立枯病，播种后每平方米喷洒 3 升的 TPN 溶剂（800 倍溶液）。在使用未加肥料的熏炭或混合培养料时，盖土后每平方米洒 OKF_1 等速效液肥 1.5~2 升（我国没有这个习惯），以促其初期发育。

温度管理在各种栽培类型中都是最困难的，尤其要加以注意。如图 3-1 所示，播种后为促进发芽并使其出苗整齐，温度要保持在 27~28℃，2~3 日后即可发芽。出苗后到分苗前，温度应稍低，控制在 23~25℃ 为宜，同时要提高透光性，以育成茎粗、叶大的秧苗。

分苗或上营养钵后，要逐渐降温，控制在 18~20℃。此后，为不使茎叶重叠，要留够株距，同时要加营养液或水，以免钵内表土干燥。定植前 7~10 天要对幼苗进行锻炼，使其适应定植温室的环境。这时，除把温度降到 10~15℃外，要控制浇水，使幼苗壮实，对花芽发达的植株的生长略加控制。

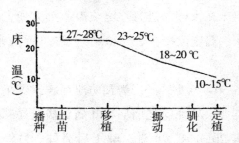

图 3-1　半加温栽培中育苗温度的变化

在温度管理中，尤其要注意育苗时期的夜间温度。夜温过低，无效花增多，易结畸形果。因此，昼夜温度管理要严格，昼夜平均温度要控制在 15℃ 以上。

因大棚内温度低，病虫害较少，育苗时的病虫害防治比较容易。不易防治的病虫害有晚疫病、叶霉病、蚜虫、温室粉虱等。对于晚疫病，要在苗齐后每隔 7~10 天喷洒 1 次低浓度的代森锌乳剂 800~1000 倍溶液，对于叶霉病，发现后要喷洒多菌灵 1000 倍溶液等。害虫发生后要喷洒杀虫剂。

(四) 定植

1. 整地　在半加温栽培中多为短期栽培，目标一般为长 7~8 个花序，每株收获 4 千克左右。

大棚要预先进行土壤消毒。在连作严重、各种土壤病虫害多时，每亩灌注 14~20 千克土壤消毒剂或敌线酯。受害轻时，一年灌注 1 次 15~20 千克的土壤消毒剂。土壤消毒后，土壤表层灌水进行水封。此外，如能用没有洞的旧薄膜覆盖密封，效果更好。

2. 施肥　虽说是短期栽培，也不能对施肥掉以轻心，而要尽量认真地做。特别是连续摘心栽培，因其坐果率高，果实发育好，生长过程中会出现肥力不足的现象。

连续摘心整枝栽培与单干整枝相比，其生长与坐果易取得平衡。所以，从初期就要使其生长茂盛。在畦边或中间挖宽40厘米、深50厘米左右的沟，将肥料的70%施入沟中，用旋耕机使肥料与土充分混合。剩下的30%进行铺施，并用旋耕机耕耘，使得表层肥料浓度低，越往下肥料浓度越高。这样在第三花序长出后易出现营养不良时，仍可维持植株的正常生长。施肥后要搁置5~7天，以求水分均匀地湿润土壤和保持肥效的稳定。

3. 苗质与栽种方法　施过肥的大棚，在定植前1天要浇水，浇水量以使干燥的表层土湿润为标准。浇水过多，除造成肥料流失，还会降低土壤的物理性能，不利于定植苗成活。

定植苗的大小因整枝法不同而各异。如实行单干整枝，就利用第一花序的第一朵花开放时的半老化苗（我国多用含苞欲放的大龄苗）；如果实行连续摘心整枝，则要用5~7叶的幼苗。

栽培方法要为提高番茄茎叶的透光性着想。单干整枝，畦宽1米，株距0.35~0.40米，每1000平方米定植2100株。连续摘心整枝时，行距为1.10米，通道间隔1.40米，株距0.32米，这样即可得到超出或等同于单干整枝的定植株数。

（五）定植后的管理

1. 温度管理　定植时期多在寒冷的12月至翌年1月。因此，锻炼不好的番茄苗会停止生长。

温度管理标准，见图3-2。上午为25~28℃，下午为23~25℃，以促进光合作用。日落后至晚9时前，温度应控制在12~13℃。以后视生长情况控制在4~8℃，就是说，营养生长过旺时降低温度，生殖生长过旺时升高温度。

并不是说定植后马上就按这一温度管理标准进行管理。定植初期,为使其第一花序的开花期整齐,促其成活,夜温要控制在10℃左右。坐果之后就要遵守上述温度管理标准。但是,在连续摘心整枝法中,在奇数花序开花时温度要低,以4℃为宜;偶数花序开花时温度要高,控制在8℃,这样有益于植株的生长平衡。

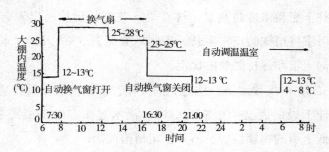

图3-2 半加温栽培温度管理标准

3月份以后,温室就不要暖气了,但这一时期的温度管理也要尽量遵守上述标准,这是很重要的。为此,要充分发挥大棚换气装置的作用。但是,一般都倾向于较高的昼夜温度,这往往会导致不发育果增多,降低番茄的商品性,不要忽视这一点。

低温期种植嫩苗时,覆盖地膜可提高地温,能促进生长发育。

2. 水分管理 低温期如浇水过多,易造成地温下降,根系发育不良。因此,定植番茄时要栽得深些,这样,即使表土干燥一点也无妨。

定植后要控制浇水,番茄不蔫不浇水。要尽可能使表土干燥,借以提高地温,促其生长。如果中午生长点发蔫,可在叶上喷水,要尽可能控制浇水。这样的水分管理一直延续到第三花序开花期,以形成一个稍具生殖生长型的植株,即叶小而肥厚,坐果率高,果实充实。此后,为促其生长,果实肥大,要逐步增大浇水量。在时令上,自1月下旬至2月上旬光照渐强,地温逐渐提高,低温危害也逐渐减少了。

随着植株生长量的增大，每株番茄每天需要大量的水（1~1.5升），因此，浇水量要增至20~30毫米，使能湿润到有根系的30厘米以上的土层。尤其在初春强光时，易出现水分不足的情况，造成果实不膨大或着色不良，因此，水分管理要十分精心。

3. 追肥 单干整枝时，随着第三花序的开花，每株番茄要浇300毫升速效液肥，如OKF_1等（我国常用磷酸二氢钾）。然后每月追1次速效复合肥，每1000平方米为20千克，直到收获结束的前1个月为止。半加温栽培的追肥期在初春，因此，追施的肥料最好以肥效较长的复合肥为主。

连续摘心整枝施底肥量大，肥层深，故肥效长。追肥时期应在第一果穗收获前后。追肥适期是傍晚生长点不卷叶了的时期。这个时期与单干整枝相同，每月追施1次速效复合肥，每1000平方米施20千克。

4. 整枝法 半加温栽培的标准是收获7~8个穗。如是单干整枝，7~8个花序的株高约2米。而连续摘心整枝，株高为1.4米。茎并非越高越好，株高1.5米时光线易进入番茄下部使地温升高。因此，单干整枝时，要使番茄枝条倾斜或下垂，连续摘心整枝则无此必要。

如利用连续摘心整枝技术就最简单不过了。植株定植后，使之顺其自然地生长，要获得目标规定的7~8个花序并不困难。定植后的番茄任其生长，留第二花序上边两片叶后摘心。对第二花序进行激素处理后，开始摘除第一基本枝下侧的侧枝。接着在分枝处将第一基本枝扭半圈，使之略微下垂。此后，在第一花序留一强壮的侧枝作为第二基本枝。同样，在第二、第三花序摘心时，要考虑到生长的强壮程度及空间的有效利用，下工夫研究摘心的位置。

这样，就可以有效地确保 3~4 个基本枝，很容易得到目标规定的花序数。

第一基本枝一定要引到通道一侧空间大的地方，以提高其透光性。就各基本枝来说，原则上不摘叶，只摘除基本枝与基本枝之间挡住花序光线的 1~2 片叶子。叶片多有利于果实的发育及饱满。各基本枝，除第一花序外，其他都在叶下，这也是造成果实不发育或不饱满的原因。因此，要么对基本枝再次扭枝，要么矫正株型，将花序引至日照好的位置。

与单干整枝收 7~8 个果穗相比，采用连续摘心整枝法的番茄生长速度快，同一时期可收获果穗数达 10~11 个，高产的潜力极大，这就是连续摘心整枝的特点。

5. 疏果与摘叶　单干整枝，其生长的平衡程度与坐果量有很大关系。不管任何品种，每个花序以坐 4~5 个果为宜。连续摘心整枝与单干整枝相比，其叶数几乎多 1 倍。因此，为了增加坐果量，除了不好的果实外，原则上不疏果，等长势下降时，根据生长情况疏果，以期取得较好效果。

6. 二氧化碳的施用　在半加温栽培或加温栽培中，从番茄正在生长的 12 月至翌年 5 月根本不能换气，即使换气也只是长时间开着天窗。因而不可能补充番茄一天所吸收的二氧化碳量，甚至室内二氧化碳浓度比外部还低，有时可减至室外空气的一半，仅 0.015%。因而番茄的光合能力明显下降，出现叶大果小的不良状态。

为防止出现上述情况，人工施用二氧化碳效果很好，不仅大果的比例增加，而且总产量也增加了。二氧化碳的价格也便宜，即使增产百分之几，也是合算的，请务必适时人工施用二氧化碳。

从第三花序开花开始可以施用二氧化碳。施用时间为上午 7~10 时，浓度 0.1%~0.15%。

三、长期加温栽培技术

（一）栽培方式的特点

长期加温栽培，如图 3-3 所示，七八月播种，长到第二年的六七月，差不多生长一年，这是一种长期栽培方式。近几年来，大型装备明显增多，长期加温栽培对这种装备的利用效率极高。

月旬	8 上中下	9 上中下	10 上中下	11 上中下	12 上中下	1 上中下	2 上中下	3 上中下	4 上中下	5 上中下	6 上中下	7 上中下
过程												
田间操作	播种	移植上床	整畦 定植	激素 防治（每七至十日）	浇水 保温	开始收获		停止加温				收获结果

图 3-3　长期加温栽培耕作进程

在栽培技术方面，番茄一年育苗 1 次即可，而且用冷床就比较容易育出壮苗。到第六、第七花序以前，定植后的田间管理基本上与短期栽培相同。但由于栽培长期化，为了调节番茄的生长发育，就需要采取相应的肥培管理措施，相当辛苦，而且病虫害种类也多，防治起来颇费工夫。

但是，从经营角度来看，劳力使用均衡，尤其是可以有效地利用冬季的劳力，这一点是非常可取的。加温所需燃料和其他材料费用也不多，加之冬季番茄上市量少，价格高，因而经济效益极为显著。

（二）主要适种品种的特性

番茄栽培时间可以延长至 10~12 个月，生长期极长，收获花序可达 15 个以上，如在整枝上下工夫，花序可多达 30 个。由于生长期长，所利用的番茄品种在生长发育、坐果及果实膨大方面容易受到不良因素的影响，而且还会受到多种病虫害的危害。

高温期易发生番茄萎蔫病、褐斑病、晚疫病、黄瓜花叶病毒病（CMV）、线虫病等；低温期则易发生褐色根腐病、根腐萎蔫病、黑点根腐病、灰霉病、黄萎病、烟草花叶病毒病（TMV）等。

如条件许可，当然要选用病虫害抗性强的品种。但是，抗性强且优质高产的十全十美的品种是不多见的。因此，选择既优质高产又对致命性病害（如萎蔫病、烟草花叶病毒病）有很强抗性的品种十分重要。以上述各点为选择标准，现就适宜长期栽培的番茄品种特性介绍如下。

1. 瑞秀　该品种被广泛应用于长期加温栽培。适宜在乙烯树脂大棚、玻璃温室和丙烯树脂大棚栽培。本品种不仅耐热性强，而且低温生长性好，因而可以作为长期加温栽培使用的品种。

本品种叶色浓绿，叶片肥大，透光性好。第一花序着生于 7~9 节处，第一花序有 5~7 个花朵，越往上层花序的花朵数量越多。和所有一代杂种一样，在低温期复花序增多，每序着花达 10 朵以上。

该品种大、中果居多，果肉充实。在低温期果脐易变尖。果肩淡绿色。低温期果实呈新鲜粉红色。果实硬度中等，植株长势过旺则易产生空心果，但无效花少。

本品种对番茄萎蔫病有一定抗性对烟草花叶病毒病有很强抗性。畸形果少，果实高圆形，整齐，果肉充实，优质果多。风味好，含糖量高且稳定，肉质略沙，稍影响适口性。

2. 大宫163　它是近几年来才显露头角的新品种，栽培面积大。叶片肥大，叶色浓绿，低温生长性能好，为易栽培的一代杂种。第一花序着生5~6朵花，上层花序花朵可达10个以上。不论在低温期或高温期，植株生长旺盛且长势稳定，坐果率高，无效花少，优质果多。果实高圆形，与"瑞秀"相似。果肩深绿色。果实着色好，低温期或高温期果色均呈鲜红色，中、大果多。

本品种对萎蔫病有较强抗性，对烟草花叶病毒病有很强抗性，因而比较容易栽培。

在品质方面，外观形状好，果脐凸出，风味佳，含糖量高，肉质脆，商品率高。

3. TVR-2　本品种一直以来被用于长期加温栽培，为一代杂种。在长期栽培中，生长发育极为稳定，坐果率高，结果性能好。低温条件下生长稍差于"瑞秀"和"大宫163"两品种。夜间温度以6~10℃为宜。

本品种叶片肥厚，茎粗壮，节间短，长势强。每一花序着花数都较多，第一花序着生6~7朵花，上层花序为复花序，每一花序有10个以上花朵。在整个生长期坐果率高，表现稳定，结果性能好。其果实发育中等，在高温期发育良好，但低温期果脐较大。畸形果、空心果等不良果极少。

它的果实品质好，果形整齐，优质果产量高；风味佳，肉质脆，成熟果实紧实；能高抗根腐萎蔫病，对烟草花叶病毒病有高抗性，生长稳定，易栽培。

(三) 育苗

1. 育苗特点　长期栽培番茄的播种适期是七八月，幼苗生长正处在高温期，因此，番茄苗生长速度快，植株长势旺盛，育苗期短，一般30~40天即可。育苗期植株易因徒长而软弱，苗质变劣。

高温期早播时第一花序着生位置高，着花数少，苗质差。晚播时第一花序着生位置低，着花数增加，苗质好。

再者，早播时花的质量低，晚播时花的质量提高。这是番茄育苗环境所致。

育苗期多受萎蔫病、青枯病、晚疫病、褐斑病、早疫病、烟草花叶病毒病、黄瓜花叶病毒病、蚜虫、温室粉虱、线虫病等很多病虫害危害。因此，苗期管理非常重要，必须适时进行病虫害防治。

但是在冬季则完全不同，育苗基本上是在大棚内进行。所以，可以用调节播种期和改善育苗环境的方法育出适宜于长期栽培的壮苗来。特别是连续摘心整枝栽培，利用的是小苗，所以与单干整枝栽培的番茄苗相比，培育壮苗还是比较容易的。

2. 播种期　播种期早晚与收获始期和产量大小关系极大。长期加温栽培是一种充分利用设施的栽培方式。要充分利用设施，播种期必然受到限制。选择适宜播期，必须对幼苗质量、生长发育及产量等因素进行统筹考虑，大体上在7月中旬到9月上旬。

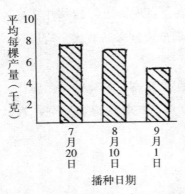

图3-4　长期栽培条件下不同播期的番茄产量（单干整枝）

图3-4显示在单干整枝栽培条件下，改变播期，以观察不同播期的植株生长发育特点。试验设三个播期。结果为：播期不同，收获始期相差很大，但总产量差异不明显。这说明不同播期的收获花序数量虽有明显差异，但也未必就与产量有关。从播种到始收期的时间是：7月20日播种的为108天，8月10日播种的为128天，9月1日

播种的为159天。从产量上看，7月20日播种的和8月10日播种的在产量上几乎没有差别，但9月1日播种的则产量很低。

再者，番茄早播，生长发育正值高温期，植株生长环境不良，幼苗质量差，确保壮苗有一定困难。进入9月份以后再播种，育苗容易，但幼苗定植后的生长发育环境不良，因而植株生长缓慢，果实发育不充分，始收期明显推迟，不易提高产量。

从以上对比试验中可以看出，长期栽培的播种适期为8月上旬。这样不仅容易培育出壮苗，而且年内就可以收获、上市。

3. 育苗管理　番茄育苗宜通风，最好使用对病虫害有明显防治效果的透不过紫外线的塑料薄膜搭大棚。如有必要，在大棚侧面可以张挂起纱布帘，预防蚜虫和温室粉虱飞入大棚。条件许可者，可以在大棚内安装能开关的遮光率达50%左右的黑色冷纱帘，以便遮挡正午的强阳光，降低大棚内温度。用大棚育苗在高温期也同样要注意防治病虫害，保证幼苗有一个适宜的生长环境。

种子用量：平均每亩50~70克。播前一定要进行种子消毒。首先，为防治溃疡病，把种子放在55℃的热水中浸泡25分钟。对烟草花叶病毒病无抗性或抗性不强的品种，为防止染病，要把种子放在10%的磷酸三钠液中浸泡20分钟，然后用水充分冲洗，待晾干后播种。也可以把种子置于75℃温度条件下，干燥消毒3天，而后播种，效果亦佳。

苗床土可以单用粗糠熏炭，也可以混入30%容积的泥炭土，这种土不但无病虫害，而且通气性、排水性及保水性等物理性状俱佳（也可用草炭、蛭石代替）。为减少幼苗上钵时苗根的损伤，使用的床土，要用溴甲烷进行充分消毒。

种子播在育苗箱内比较容易移植，育苗箱床土厚5~6厘米，充分洒水，使床土湿润后播种，行距6厘米，株距1.5厘米，方式为条播。

播种后，幼苗易发生立枯病，所以要用1000倍敌菌丹（可用百菌清代替）水溶液等喷洒。每平方米喷洒3升左右。如苗床培养土没有肥力，可以用OKF$_1$（我国常用磷酸二氢钾）稀释500倍的培养液等稀薄液肥喷施。喷施后表面用报纸遮盖。

在地温、气温都容易上升的时期，苗床温度管理要十分精心，应尽可能使幼苗处于适宜温度条件下。播种到种子发芽，温度以25～30℃为宜，出土后以白天温度25℃，夜间温度20℃为宜。上营养钵后的温度管理指标：白天25℃，夜间15～20℃。在温度管理过程中，要加强通风，中午温度高时，把大棚顶部的纱布帘放下来，借以降低室温，过两小时后再卷起。另外，午间浇水可用清凉的井水，这样可以起到降温的作用。

播种后3～4天开始出苗，就可以把报纸挪开，使幼苗充分见光，促使叶片变绿。苗床温度过高或床土过于干燥，影响种子发芽，不利于幼苗的生长发育，必须留意。

出苗后，幼苗要充分日晒，浇水要足。用粗糠熏炭作底土的还要浇灌OKF$_1$的500倍稀释液。苗出齐后要尽快拔去发育不良和子叶畸形的苗。只要育苗环境好，幼苗生长就快，发芽后第十至十五天，即可长出1～1.5片真叶，这时移植最为适宜。

营养钵和移植床用的床土都要事先准备好，沙土要用溴甲烷充分消毒，沙土中再加入30%～40%的泥炭土，每1升沙土中还要加1.5～2克过磷酸钙，搅拌均匀，制成速效床土。尤其是在一次要培育很多番茄苗的情况下，准备苗床土是一件很辛苦的事情，而这种速效床土的利用效果却是非常显著的。

幼苗移植，先要用培养液充分湿润栽培土，再从苗床中轻轻把苗拔出，注意不要伤根。具体操作方法是：左手轻轻扶着子叶，右手尽量把苗床土向上托，然后将幼苗的根充分舒展开。放置于营养钵中间，右手抓苗床土轻轻地放回钵中，不要压实。随随便便地用手指尖捅个坑，再用手指尖把苗根塞进坑里的做法容易伤根，极不可取。上钵后，不要抑制幼苗的生长，温度和水分管理要跟上。要特别注意不使营养钵表土发白。

第二次分苗，要等到3~4叶期进行。这时要充分注意保持一定株距，以使番茄苗的生长发育更苗壮。经过30天左右，幼苗可长成有5~7片叶的定植苗。

由于幼苗生长发育环境高温多湿，所以育苗时期必须对病虫害采取有效的预防措施。幼苗对萎蔫病、烟草花叶病毒病等有很强的抗性，不会出大问题。但易感染晚疫病和褐斑病，而且蔓延速度很快。须每隔5~7天用代森锰锌或百菌清1000倍稀释液薄薄地喷洒一次。育苗期间，还可能发生蚜虫、温室粉虱为害，所以，田间观察一定要仔细，一旦发现立即杀灭。尤其是蚜虫，它是黄瓜花叶病毒病的传毒媒介，将对番茄的生长发育产生致命的危害。

另外，还有可能发生青枯病、黄萎病等土壤病害，应随发现随拔除。

长期栽培条件下，土传病害防治是个大问题。对土传病害的防治，必须从育苗至栽培的整个过程都要彻底执行防治对策。有效的防治方法是嫁接栽培。

(四) 定植

1. 整地　番茄长期栽培，整个生长发育期长达10~12个月，而且是在同一大棚内。所以，大棚内的环境、土壤条件等，都必须精心考虑。

大棚应选择南北走向，以利于日照均衡。丙烯树脂大棚或玻璃大棚有利于果实的膨大，优质果产量高，不易污染，光照充足，且保温性好。乙烯树脂大棚要经常用水冲洗污物，以便采光。

大棚内的土壤要事先消毒，翻耕前对土壤病虫害要进行调查。尤其是连作大棚，土传病虫害的危害性更大，是番茄栽培的一大障碍。前茬结束后，对线虫病、褐色根腐病严重的畦块，首先随水向畦中灌入土壤消毒剂氯化苦（13千克/亩）。10~15天以后，用旋耕机耕耘，再将相同数量的土壤消毒剂灌入土壤中，然后灌水密封。用旧塑料薄膜覆盖10~15天后，除去薄膜，再用旋耕机耕耘，以排出余气。

2. 施肥　由于是长期栽培，施肥时要全面考虑。不要忘记，施肥的目的就是为了创造一个充分发挥番茄生长发育特性的物质基础，尤其是土壤必须具备的物理性能和化学性能等。一般说来，比较注重改善土壤的化学性能，但不大重视用堆肥去改良土壤的物理性能。对厩肥，人们只知道一味地增加其施用量，但并不清楚这样做是否真能在番茄的整个生长发育期保持土壤良好的物理性能。

施肥时，不仅要施用能改良土壤物理性能的堆、厩肥，而且要多施入一些不会产生有害气体的泥炭土。施肥要尽可能多施底肥，所以应以饼肥为主，配合IB复合肥料、囊干肥等迟效肥。在低温期除喷施OKF_1等以硝酸态氮为主要成分、肥效大的液肥外，还可施用一些磷酸二氢钾等肥料。沟底铺上一些新鲜的作物秸秆，以便改善土壤的通气性。

施肥，要分铺施、沟施，一定要抛弃过去那种图省事的施肥方法，比如一个1000平方米的大棚，肥料铺施下去，用旋耕机旋耕一遍，有两个人干1~2天就完了。这样施肥位置很浅，根系范围狭小，时间长了不可能维持地上部分植株的健壮生长。因而要按下述方法精心施肥。施肥用工要比过去的方法多5~10倍。

首先在垄台中央挖一条宽40厘米、深20厘米的沟，把沟施那部分肥料均匀地撒在挖出的土和沟的表面，然后边充分搅拌，边向沟里回填。然后把剩下的准备在面上施撒的那部分肥料均匀地撒上，再用旋耕机旋耕。

垄台对番茄根系范围大小有一定影响，在做垄台时，尽量挖深一些，宽一些。地下水对根系的影响较大，在田间管理中要注意到这一因素，垄台的高度以距地下水位1米左右为宜。垄台过高未必是上策，反而抑制根系的生长。表面积大，白天地温上升快，夜间降温也快，易产生低温障碍，对植株生长发育不利。因此，不如多施一些泥炭土、树叶堆肥等不易腐烂的有机质，以改善土壤的物理性状，使番茄的根系向土壤深处延伸，使其长期保持足够的活力，这一点十分重要。

像这样精细施肥，在长期栽培时特别重要。施肥效果像图3-5所示那样：幼苗定植后直到第三花序开花时，肥效缓慢上升，第三花序坐果后，第一果穗果实膨大时必须有肥效的充分配合。越到生长发育后期，肥效越明显，不仅要保证地上部的生长，也要使根系更为发达。图中所显示的施肥方法，对于确保番茄高产极为重要。

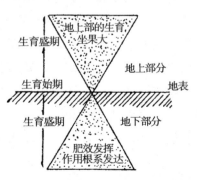

图3-5　番茄的生长发育时期与生长发育的平衡

3. 幼苗质量与栽植方法 幼苗定植后,要保持其活力不下降。尤其是长期栽培,植株生长期长,幼苗质量好更是至关重要。实施连续摘心整枝栽培时,利用小龄幼苗效果最好,最理想的是5~7叶苗,其根系在营养钵内舒展开而不卷曲。如图3-6所示,幼苗根系良好,定植后根系能够很自然地在定植土壤中进一步扩展。这在地上部分负担增大时,就更能发挥威力。

图3-6 定植苗的大小及其根系在钵内分布状况

栽植方法,首先要考虑的是如何提高番茄茎叶的透光性;其次是在尽量有效利用大棚空间的前提下提高劳动效率。连续摘心栽培时,定植行距1.2米;有通道的行距1.4米,株距35~40厘米。

这样连续摘心栽培使用5~7叶幼苗,定植时与单干整枝栽培不同,行距要宽,株距要窄。在实际栽培中,幼苗容易徒长,植株长势难于控制。但是,如果采取上述方法施肥,就基本上不存在这一问题了。假如还不放心,可以从浇水和温度管理两方面对其进行控制。假如对这一点仍然不放心,那就只好使用大龄幼苗。使用大龄幼苗也要尽量用大的营养钵,保持根的活力不下降。即使是老化苗,也希望至少比传统的单干整枝的秧苗嫩一些。

（五）定植后的管理

1. 温度管理　番茄生长的适宜温度为 22~25℃。白天温度 23~25℃，夜间温度 15~16℃ 是番茄栽培的最适宜温度。

长期加温栽培，定植期正好是 8~9 月的高温季节，而生长发育盛期又正值冬天，翌年春天温度又逐渐回升至高温期，温度环境波动性很大。因此，温度管理是一个棘手的问题。

大棚内的温度管理在幼苗定植后就要进行，一定要使植株的生长发育处于一个平衡的环境中。定植后到供暖前这一段时间的温度管理尤其重要，应努力为番茄生长创造一个适宜的环境。温度过高，浇水太多，根系浅，发育不良，茎叶徒长，软弱，这样的植株越冬困难。因此，从定植开始，大棚就应充分通风换气，保持棚内适宜的环境。如果不通风换气，中午大棚内的气温有可能超过 40℃，夜间则可能超过 30℃。

9~10 月，夜间温度尽管有所下降，但温度仍然偏高。如有条件，夜间的温度应控制在 10℃。这样不仅能控制植株徒长，也有利于根系的发育。10~11 月，是长期加温栽培番茄温度管理的关键时期，要做好越冬的各项准备工作。大棚内夜间温度尽量降到 5~6℃，以使番茄的根系扎入土壤的深层准备御寒。根系浅而少时，植株不抗寒，生长发育停滞。

经过一系列的温度管理，入冬前番茄的理想株形应该是：茎粗壮，节间紧凑，叶片小而肥厚，叶色浓绿。经过一系列的"驯化"管理，就具备了抗严寒的条件。

此后的温度管理主要依靠设备进行温度调控，也就比较容易了。温度管理标准，见图 3-7，具体地说，白天温度：上午 25~27℃；下午 23~24℃。夜间温度：前半夜 12~13℃，后半夜 4~8℃。特别是后半夜的温度管理，一定要与番茄的生长发育特点相吻合。植株生长发育旺盛时，夜间温度要适当降低，以4℃为宜，这样做不仅有利于坐果，而且又能促进果实的发育。反之，在植株生长发育受到抑制时，要适当提高大棚内的夜间温度，以8℃为宜。这样，可以有效地促进植株的生长发育。

此外，从坐果到果实膨大，也要搞好大棚内的温度调节。在第三花序开花以后，从第二基本枝开始，第三、五、七等奇数花序开花时，夜间温度要低，第四、六、八等偶数花序开花时，夜间温度应高于前者。

按照上述方法进行温度管理，第一基本枝的着生位置离地表40~50厘米，基本枝间距为25~30厘米。

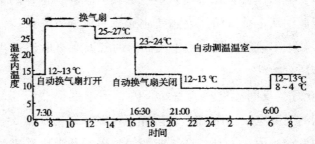

图3-7 大棚栽培番茄温度管理标准

从暖房供暖开始就覆盖地膜，既可提高地温，也可防止大棚内湿度过大，并有预防病虫害的作用。

3月份以后停止供暖，此后的温度管理至关重要。由于光照充足，大棚内气温上升快，昼夜温度逐渐升高。在温度高时，番茄生长发育快，且有利于果实的迅速着色。特别是由于高温，果实尚未充分成熟表面就着好色了，但果肉松软，在运输过程中容易损伤。这是温度管理不善所致。在环境气温上升的条件下，仍有必要调整昼夜温度管理。只有这样，才能一年四季生产出高产、优质、商品率高的番茄来。

2. 水分管理 与温度管理一样，长期加温栽培番茄的水分管理也不是一件轻而易举的事情。

番茄定植后，正值高温期，如水分多了，植株易徒长。因此，定植前一天，畦里要浇少量水。定植后到第一花序开花时，少量灌水，在那以后到第三花序开花时尽量控制浇水，接近不灌水状态，以促使根系向土壤深层发展。中午气温升高，生长点萎蔫，为补充叶片水分过量蒸腾，畦中可浇一点水，但植株体内不能有过多的水。进行水分控制后，即使在高温期，番茄营养生长也会受到抑制，着花多，果实发育良好，形成所谓生殖生长型株型。

10月至第二年1月，第三花序开花，此时，第一果穗的果实亦进入发育期，这时期开始充分浇水。一次浇水量为20～30毫米。充足的水分不仅使茎叶生长旺盛，而且对于果实的发育也有良好的促进作用。

但是，如此大量地向畦中浇水只能持续到12月上旬，在开始向温室供暖时中止浇水，使土壤表层干燥，以提高其蓄热效率，使地温上升。这一时期的夜间地温低，大约为10℃，地温管理应以15℃左右为标准，因而要设法提高地温。

需要浇水或追肥时，应把水灌注到表土以下10～15厘米的深处，至少向表土浇水时要进行控制，不要导致地温下降，以免植株根系受到低温冷害。

3月份以后，地温开始回升。地温和气温不至于低下了，此时应向畦中大量浇水，借以促进植株生长。

3. 追肥管理 在长期栽培条件下，要保持番茄良好的营养状态，不仅必须施足底肥，还要适时追肥。定植后，用浇水和温度管理的办法调控底肥的肥效。肥效因底肥的施用量及根系发达状况的不同而各异。和单干整枝相比，连续摘心整枝的番茄底肥肥效发挥较迟为好,这是由于连续摘心整枝的番茄根系发达,肥效持续时间较长的缘故。一般来说,第一次追肥应在第五花序或第六花序的开花期,即果实的收获始期进行。此时植株生长点的卷叶少,基本枝生长的平衡已成跌势,见图3-8。追肥应根据生长点的生长状况实施,追施的肥料应是速效复合肥料或液肥。地温高,气温高,根系活力强时,追肥要以复合肥料为主。12月至翌年2月为低温期,此时的追肥要用硝酸态氮素液肥,这样做可以有效提高追肥效果。

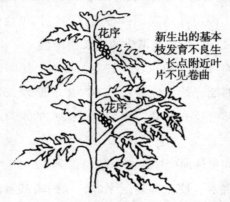

图3-8 需要追肥的番茄生长点状态

4. 整枝法 连续摘心整枝,其长处就是弥补了传统的单干或双干整枝法的不足。基本方法在前面有关章节中已经叙述,现就具体操作方法详述如下。

①定植至第三花序开花期。此时的整枝是连续摘心整枝的基础,必须精心实施。

定植的5~7叶期番茄苗最富有活力。随着生长发育,开花、结果,侧枝也繁茂地长出。这时,如第二花序现蕾,则留两片叶,摘去其生长点。第二花序用激素处理后,就留下第一花序下面的一个苗壮的侧枝,其余侧枝全部摘除。此时开始牵引,第一基本枝应向着通路一侧。摘除侧枝应注意的问题是,由于植株生长发育状况各不相同,所以可能有一些植株生长不良。对这些植株要尽量少打杈或者摘心时少摘除侧枝叶片,以此来维持一定的叶面积。

作固定牵引时,在第一基本枝下部的分枝部位捆扎比较容易,接着进行扭枝。扭枝作业,见图3-9。把第一花序的基部向左或向右扭转半圈,其操作要领也就像拧抹布一样。扭枝可随时进行,但以晴朗天气为好,此时植株内水分少,不必担心折断。扭枝不要一下子扭到基本枝下垂的程度,达到水平位置即可,随着果实的不断膨大,会由于果实的增重而逐渐自然下垂,不必去操心它。

图3-9 基本枝扭枝和摘叶方法

接着就是利用第一花序后的粗壮侧枝,提高其透光性,促进该枝的生长发育。

②第三花序坐果后。第三花序坐果、第四花序开花时,留两片叶,摘心,以此作为第二基本枝。第四花序坐果开始膨大时,在第三花序基部扭枝。此时的番茄植株生长旺盛,基本枝和花序的透光性常因茎叶郁闭而恶化,为了提高透光性,要摘去基本枝上方的一片叶或半片叶。

把位于第三花序下方的侧枝作为第五、第六花序的着生枝,此时,叶茎繁茂,这时摘叶很重要。第一果穗的果实已充分膨大,因此,可以把第一基本枝和第二基本枝之间的叶片摘除,以利于通风透光。再者,保留第一基本枝和第二基本枝顶端的一个芽,其余全部摘除,使留下的芽着生1~2个花序,留上面的两片叶,然后摘心,扭枝，使其自然下垂。

第五花序下的侧枝着生第七、第八花序。此时，摘去第二、第三基本枝之间着生的叶片。第七花序下的侧枝着生第九、第十花序，然后扭枝。此时，要摘除第三、第四基本枝之间着生的叶片。经过如此整枝，一株番茄共有 5 个基本枝，其株高仅 1.6 米左右。每一基本枝着生两个花序。以后被利用的侧枝，应根据其植株形态和空间大小，使之着生 1~3 个花序。扭枝和摘叶要仔细，要摘去果实发育的或收摘果实后的果穗周围的叶片，以利于植株透光。如果侧枝多，植株茎叶过于繁茂，一棵番茄以着生 10 个花序为宜，花序数量过多，不利坐果且果实大多发育不充分。花序应尽量着生在较低的位置，着生位置过高，养分输送效率低。

第四章 绿色的生产与加工

第一节 番茄的采收与分级

一、番茄的采收质量

番茄的采收质量和本身的耐贮运性关系密切，因此除了根据用途来掌握采收的成熟度，还需要在采收过程中仔细操作，轻摘轻放，以免造成损伤。秋番茄采收时还应注意天气的变化,预防冷害的发生,受冷害侵袭的番茄不适合贮藏。

番茄是以不同成熟度果实采收上市的蔬菜,采收时期是否合适直接影响到果实的商品品质和番茄开花后45~55天第一、第二穗果的成熟,由于第三、第四穗果处于高温中,因此在花后35~40天后便会成熟。果实的成熟度分为4个时期——青熟期、变色期、坚熟期和软熟期。应该依据番茄生产目的进行适期的采收安排。

青熟期果实坚硬,适于长期贮运,但含糖低,味道差;变色期果实的贮运性较好,采后成熟也比较顺利;坚熟期的番茄果实已经变色3/4,最富营养,可作为鲜食菜用或者果用;软熟期果实含糖量高,但口感不好,可作为加工原料。

果实采收时一般选在早上或下午3点之后,早上采收的果实光泽好、含水多,由于温度低,水分蒸发量小,有利于减少上市或者长途运输过程中的损耗;中午采收时果实含水量低,质量差;下午3点之后采收番茄,品质好,枝、叶有韧性,采收的时候不容易伤害到果实。果实采收过程中,要轻拿轻放,装入箱中,不宜散堆,然后置于工作间或者果实临时贮藏库等阴凉的地方,用以降低果实的温度,等待分级与包装。

番茄采收时除了要考虑上述因素,还应该符合农业部颁发的《茄果类蔬菜生产标准》中对番茄果实的感官要求以及营养含量标准,同时需要控制农药的残留量,使其具有高度的安全性,符合农业部颁布的番茄卫生指标规定的标准,出口的产品必须按照进口国的要求标准进行检测,具体可见表4-1、表4-2。同时检验样品的抽样方法应严格按照GB/T 8855中的相关规定执行。番茄由于可以生食,所以其果实的卫生标准规定得十分严格。通常一批检测的样品只要有1次检测中的1项指标不能满足标准要求,出现农药残留超标或者蔬菜中含有不允许使用的农药,该批产品全部为不合格产品,不能作为商品上市销售。

表 4-1 无公害番茄的感官要求标准

项　目	品　质	规　格	限　度
品　种	同一品种	规格用整齐度来表示。同规格的样品整齐度≥90%	每批样品中不符合感官要求的,按质量计算,总不合格率不得超过5%
成熟度	果实已充分发育,种子已经形成		
果　形	只允许有轻微的不规则,并不影响果实的外观		
新鲜度	果实有光泽、硬实、不萎蔫		
果面清洁	果实表面不附有污染物和其他外来物		
腐烂、异味、冻害、病虫害、灼伤、机械伤、裂果	无		

表4-2 无公害番茄卫生指标的标准

序号	项目	指标（毫克/千克）	检测方法标准
1	六六六	≤0.2	GB/T 17332
2	滴滴涕	≤0.1	GB/T 17332
3	乙酰甲胺磷	≤0.2	GB 14876
4	杀螟硫磷	≤0.5	GB/T 5009.20
5	马拉硫磷	不得检出	GB/T 5009.20
6	乐果	≤1.0	GB/T 5009.20
7	敌敌畏	≤0.2	GB/T 5009.20
8	美曲膦酯	≤0.1	GB/T 5009.20
9	辛硫磷	≤0.05	GB 14875
10	喹硫磷	≤0.2	GB/T 5009.20
11	溴氰菊酯	≤0.2	GB 17332
12	氰戊菊酯	≤0.2	GB 17332
13	氯氟氰菊酯	≤0.5	GB 17332
14	氯氰菊酯	≤1	GB/T 17332
15	抗蚜威	≤1	GB 14877
16	抗菌灵	≤0.5	GB/T 5009.38
17	百菌清	≤1	GB 14878
18	三唑酮（粉锈宁）	≤0.2	GB/T 14973
19	砷（以无机砷计）	≤0.5	GB 5009.11
20	铅	≤0.2	GB 5009.12
21	汞	≤0.01	GB 5009.17
22	镉	≤0.05	GB/T 5009.15
23	氟	≤0.5	GB 5009.18
24	亚硝酸盐	≤4	GB/T 15401

二、番茄的等级与规格

产品分级是番茄走向商品化的重要一步，分级指的是按照标准的品质和大小、规格把番茄产品分为若干等级。这样做的意义在于分级后的产品在品质、大小、色泽、成熟度、清洁度等方面保持一致，方便运输和贮藏过程中的管理，从而减少耗损，方便在商品流通中按质量定价钱。如果不这样做，成熟度不同，品质及大小不一的果实混在一起，会有许多弊病。例如，熟透的果实会释放大量的乙烯，乙烯对其他不够成熟的果实有催熟作用，促进其提前成熟甚至衰老，同时果实品质良莠不齐，难以树立良好的商品信誉。番茄的等级与规格划分标准参见 NY/T 940—2006。

1. 划分等级的标准　鲜食番茄有普通番茄以及樱桃番茄之分，其等级可划分为三类，即特级、一级、二级。无论哪个级别的番茄，作为鲜食的必须符合下列基本要求：相同品种或者相似外观的品种要求外形完好，没有腐烂、变质；表面干净、新鲜，没有异物；没有畸形果、裂果、空洞果；无虫及由病害导致的损伤；无冻害、无异味。具体分级标准详见表4-3。

表4-3　番茄等级划分标准

等级	要求	
	番茄	樱桃番茄
特级	外观一致，果形圆润无筋棱（具棱品种除外）；成熟适度、一致；色泽均匀，表皮光洁，果腔充实，果实坚实，富有弹性；无损伤，无裂口，无疤痕	外观一致；成熟适度、一致；表皮光洁，果萼鲜绿，无损伤；果实坚实，富有弹性
一级	外观基本一致，果形基本圆润，稍有变形；已成熟或稍欠熟，成熟度基本一致；色泽较均匀，表皮有轻微的缺陷，果腔充实，果实坚实，富有弹性；无损伤、无裂口、无疤痕	外观基本一致；成熟适度、较一致；表皮光洁，果萼较鲜绿，无损伤；果实较坚实，富有弹性

续表

等级	要求	
	番茄	樱桃番茄
二级	外观一致，果形基本圆润，稍有变形；稍欠成熟或者过熟；色泽较均匀，果腔基本充实，果实较坚实，弹性稍差；有轻微损伤，无裂口，果皮有轻微疤痕，但果实商品性未受影响	外观基本一致，稍有变形；稍欠成熟或过熟；表皮光洁，果萼轻微萎蔫，无损伤，果实弹性稍差

按照数量计算，特级产品需要 95% 的产品满足该等级要求，剩下 5% 需要满足一级要求；一级品中允许有 10% 的产品不符合该等级要求，但应该符合二级要求；二级品中允许有 10% 的产品可以不达到二级要求，不过必须达到基本的要求。

2. 规格划分标准　　以番茄横径作为划分规格的指标，分为大（L）、中（M）、小（S）以及樱桃番茄，具体可参加表4-4。

表4-4　番茄规格划分标准（单位：厘米）

	大（L）	中（M）	小（S）	樱桃番茄
直径	>7	5~7	<5	2~3

分级的方法有手工操作和机械操作两种。手工分级时应预先掌握分级标准，手工分级效率低、有较大的误差，但是其操作精细，可以避除分级中对果实的机械性伤害。机械分级需要根据番茄的重量或颜色通过一定的设备装置完成，工作效率和分选精度大大提高，但需要较大的设备投入。番茄的分级是将同一等级、同等规格以及相同包装的果实在表面外观上统一，达到商品标准化的过程。必须按照产品的感官指标进行严格的分级，才能进入市场。番茄分级主要是为了淘汰病虫害果实以及机械性伤害的果实，分级可依据番茄的大小、色泽以及形状感官表现。番茄的品种、类型较多，不同的

143

品种间果实的形状、重量、大小和颜色等方面都有比较大的差距，即使是相同的品种，处于不同的栽培条件下其商品性能也有很大不同。但是同一个品种的果实，特别是同一批商品果实的形状、大小和色泽等感官指标应该相对一致，因此，可根据感官指标，将番茄分成不同的等级以及规格。进行番茄分级时必须按照国家颁布的番茄等级和规格划分的行业标准规定执行。

我国颁布的关于番茄等级和规格划分行业标准中还规定了取样和检测番茄果实外观指标的方法。标准中规定，检测果实的取样方法按照国家标准 GB/T 8855 中的有关规定执行。在外观指标中，品种的特征，果实形状，颜色光泽，果面状况，清洁程度，新鲜程度，整齐程度，是否有异味、腐烂、过熟、灼伤、褪色斑、疤痕、雹伤、裂果、冻伤、空腔、皱缩、畸形果、病虫伤害以及机械性伤害等可以用目测法进行检验。如果病虫害现象不明显，可以取样果解剖检验；果实成熟度采用解剖法目测；异味采用嗅觉鉴定法检验。标准中还规定了番茄在不同等级之间的品质的限度。

第二节 番茄的包装与运输

一、番茄产品的包装

番茄产品的包装可以方便番茄的运输、贮藏以及上市。首先应按照不同等级的产品大小、规格设计选用包装，包装材料应符合健康和卫生标准，并具有保护产品的功能。包装箱分为木条箱、纸箱以及塑料筐等。木条箱质地坚固，适合码放较高层，不过成本较高；塑料筐也适合高层码放，容易清洗，可多次利用，但空回运输体积大，多用于近距离运输；纸箱较轻，含有气孔，还可以加格子板，充分保护果实，能折叠使用，方便回运，一箱一般可装20千克。同一种包装规格大小应一致、整洁、干燥、牢固、透气、美观、无污染、无异味、无腐烂以及霉变。相同包装内的产品要求码放紧密而整齐。在长距离的运输中，对包装的要求更高，每个果实需要用蜡纸包好，以防果实在运输中失水。果实每批产品所用的包装、单位质量必须相同。包装产品的质量应该符合 NY 5005—2001 的有关标准。在其外包装上需要标明品种、产地、等级、重量、生产单位和无公害食品标志。

二、番茄的运输和销售

番茄运输之前先要经过预冷处理。运输途中需要注意防晒、防冻以及预防雨淋，同时经常通风、散热，创造番茄产品贮运的良好条件，减少途中损失。

(一) 预冷处理

采收番茄后应该将其迅速冷却到适宜的温度，降低田间的呼吸热。可以通过自然冷却法如把番茄放在空房或阴凉处等，但降温速度慢，预冷效果差，在有制冷设备的冷库预冷效果最好。从采收到预冷，要求间隔时间短，降温速度快，经过预冷后的番茄才可以运输以及贮藏。

(二) 番茄的运输和销售

番茄的运输方法包括常温运输、保温运输以及控温运输。一般常温运输指的是使用汽车、火车、轮船为运输工具，在自然温度不冷不热时，做中短距离运输。保温运输是冬季利用番茄的呼吸热，夏季经过预冷处理放进保温车里的一种运输方式，适合中短距离进行运输。控温运输是在隔热良好的运输工具中加上加温和降温设备的运输方式，转色期果实维持 11～13℃，成熟果实的温度为 7～10℃，空气中的相对湿度保持在 90%，适合四季长距离间的运输。在运输过程中要注意防震，轻装轻放，避免机械损伤和生理伤害，减少病害侵染的概率。此外，为了减少运输过程中不良环境的影响，最好做到短时间内的快速运输。同时，销售过程中需要防止冻害以及挤压等。

第三节 番茄的贮藏与保鲜

番茄性喜温，我国北方地区的番茄种植一般以温室以及大棚种植为主，投入大，成本高，技术要求较高，很难满足市场的周年供应的需要，淡旺季价格相差很大。贮藏可以调节番茄的市场供应，尤其是秋延后生产的番茄，如果采用多种贮藏保鲜技术，可以减少损耗，降低成本，操作简单，可以延长供应期，缓解市场供求矛盾，提高价格，增加效益。

一、番茄的贮藏特性

番茄的果实成熟期可分为以下几个阶段，即绿熟期、微熟期（从转色期到顶红期）、半红期、坚熟期、软熟期等。鲜食的番茄应达到半熟期至坚熟期，但这种果实正开始进入或已经处在生理衰老阶段，即使处在冬季的低温条件下也不容易长期贮藏。绿熟期和微熟期的番茄果实耐贮性、抗病性较强，在贮藏中完成完熟过程，可以获得接近在植株上充分成熟的品质。因此，要想长期地贮藏番茄，就应该选择这个时期的番茄进行采收，同时，贮藏过程中应尽量使果实滞留在这个阶段，实践中称为"压青"。到贮藏结束时，才使果实达到坚熟期的程度，即具备最高使用价值的时期。番茄的贮藏期限与呼吸跃变期的长短有关，即果实停留在跃变高峰以前的时间，"压青"时间越长，贮藏期就愈长。因此，如何拉长"压青"期，既要推迟番茄的成熟，又要保证其能成熟的能力，使其结束贮藏以后可以达到所要求的成熟程度，是番茄贮藏的关键问题。番茄性喜温暖，成熟果实可贮藏在 $0 \sim 2 ℃$ 条件下，但绿熟果的贮藏适宜温度为 $10 \sim 13 ℃$，低于 $8 ℃$ 时容易造成冷害。遭受冷害后的果实主要症状是局部或全部水浸状软烂或蒂部开裂，表面现褐色小圆斑，不能正常完熟，易染病腐烂。但在正常温度（$10 \sim 13 ℃$）下，绿熟果约需要 15 天就可以达到完全成熟。如果温度和气体的条件适合，可使绿熟番茄的贮期延长至 $2 \sim 3$ 个月，即使在常温下，气调贮藏也有明显地延迟果实完全成熟的作用。选用贮藏的番茄品种要求种子腔小、果肉紧密、皮厚、含糖量高、干物质含量多、组织保水力强。长期贮藏的番茄应选含糖量在 3.2% 以上的品种。

不同的番茄品种，其贮藏性能和抗病性能也不同，适合贮藏的品种包括晚熟品种中的橘黄佳辰、满丝、苹果青、台湾红、可果美、特罗皮克、强力米寿、苏抗 5 号、太原 2 号（佛罗里达）等。不适合贮藏的有早熟品种和皮薄的品种。

贮藏用的番茄采收前 2 天不宜浇水，防止果实吸水膨胀和果皮产生裂痕，从而导致微生物感染以及果实变质、腐烂。采摘应选择早晨或者傍晚没有露水的时候，尽量轻拿轻放，避免机械性损伤。包装容器不宜过大，以免上面的果实将下面的压伤。番茄采收后，应放在阴凉通风的地方进行散热，或者放进冷库预冷处理到 $13 ℃$，之后选择分级，放入库内贮藏，成熟度不同的果实要分别存放，以便于管理。

二、番茄的贮藏与保鲜方法

（一）一般贮藏

使用通风贮藏库、地下室、防空洞、土窖等阴凉的地方，可以在夏、秋两季保持较低的温度。把番茄装在浅筐或木箱中平放于地面，或将果实堆放在菜架上，每层架放2~3层果实。贮藏过程中需要经常进行检查，挑选出已经完全成熟的果实或者不适合继续贮藏的果实。这种方法可贮藏20~30天，可以作为调剂市场余缺、增加产值的有效手段。

（二）气调贮藏

如果需要长期的贮藏或者遇到高温天气，尤其是高品质的果实贮藏，适合选择气调贮藏。

番茄气调垛的容量多为750~1000千克，也可达2000千克。由于番茄自然完熟速度很快，所以使用快速降氧法最佳。用薄膜封闭番茄时，容易导致垛内的温度升高，从而引发疾病。需设法降低温度，可用无水氯化钙或硅胶作为吸湿剂，用防腐剂抑制病菌活动，目前较为普遍使用的气体是氯气，一般每3~4天喷施1次，每次的使用量约为垛内空气总体积的0.2%，但氯气有毒，使用不方便，过量时产生药害。北京等地试用0.5%的过氧乙酸，置盘中放到垛内，其效果和氯气类似。上海等地习惯用漂白粉作为氯气的替代品，一般每1000千克的帐内每月施用0.5千克，有效期约10天。

番茄进行气调贮藏的时长为 1.5~2 个月，不需要太长时间。这样既可以做到旺季果实补充淡季产品，又能得到较好的品质，损耗也小。贮期小于 45 天，贮藏中不必开帐检查，入贮的时候需要对果实严格选择。

(三) 用亚硫酸、石灰水溶液浸泡

首先把 6%亚硫酸加水配制成 0.3%的亚硫酸水溶液，然后调节饱和石灰水的澄清液 pH 值到 4.5~5，将全红番茄浸至该溶液中，用清洁木板等物压住果实，防止露出液面，使浸泡液高于果实上部约 3 厘米，然后将容器密封，放到低温场所。使用这种方法贮藏的果实，其果实硬度与鲜果相近，但不能生食，需加热熟食方能除其硫味。

(四) 硅窗气调贮藏

硅窗的渗透量可以随着一定范围内二氧化碳浓度的升高而减少，因此，可根据这种方法迅速排出帐内过高的二氧化碳，并大量地补入氧气，从而使氧气和二氧化碳浓度保持稳定的比例。硅橡胶薄膜的透气性能，可以使番茄在代谢过程中产生的乙烯快速地过滤到帐外，帮助延缓后熟。

一般来说，薄膜越薄其透气性越好。试验结果表明：在其他贮藏条件相同的情况下，使用 0.08 毫米厚度的硅窗，可以控制帐内氧气的含量约为 6%，二氧化碳的含量约为 4%，效果明显。

番茄采用硅窗气调贮藏时，要求硅窗面积的大小与品种的呼吸强度、温度高低成正比。如果贮藏帐的容积固定，贮藏量增多或者减少，则硅窗的面积也需要根据贮藏量做相关的调整。为了避免频繁增减硅窗面积，应尽可能地保持贮藏环境温度的稳定，实行定量贮藏。关于硅窗使用面积的大小，可以通过少量试验按照正比例的关系进行推算，如塑料薄膜帐的有效体积为4立方米，贮藏550千克需要开0.45~0.5平方米的硅窗。硅窗的大小可按这种比例进行计算。

（五）薄膜袋贮藏

把未成熟的番茄轻放进厚度约为0.04毫米的食品袋中，每袋约放5千克，装完后扎紧袋口，放在阴凉处。贮藏初期，每隔2~3天，在清晨或傍晚，将袋口拧开15分钟左右，排出番茄因呼吸作用产生的二氧化碳，加入新鲜空气，擦掉塑料袋壁上的小水珠，再次将番茄果实装进袋中，扎好密封。一般贮藏1~2周后，番茄将逐渐转红。如需继续贮藏，则应减少袋内的番茄量，为了避免番茄间的压伤，只码放1~2层，等番茄变红成熟后，再将袋口松开。

采用此法时，还可用嘴向袋内吹气，以增加二氧化碳的浓度，抑制果实的呼吸。另外，插入袋口一根通气的竹管，扎紧袋口后，袋中气体可以与外界空气通过竹管自动调节，不需要经常打开袋口进行通风透气。

（六）使用吸附剂进行贮藏

1. 方法一　以沸石和膨润土50∶50，膨润土和活性炭50∶50，沸石、膨润土以及活性炭35∶50∶35，膨润土、活性炭以及氢氧化钙45∶45∶10的比例配制成4种不同组成的复合保鲜剂，各取10克，分别装进透气的小袋子里，然后将4个小袋子放进装有4千克番茄的4个容器中。在20℃的温度下封存，在此时期内定期检查。结果发现，放有4种复合保鲜剂的容器可以保证番茄14天不改变颜色，21天不会滋生真菌。在适宜的条件下，普通廉价的复合保鲜剂可使番茄的贮藏期延长3倍左右。

2. 方法二　将沸石、活性炭、硫酸亚铁、氢氧化钙和水以30∶20∶30∶30∶1的比例混合配成复合保鲜剂。将此混合物称10克装入内封有多孔聚乙烯薄膜的小纸袋内，并用0.5毫升的水润湿纸，加番茄一同封闭在一个大的食品塑料袋里。维持一定的温度，可贮藏60天，番茄颜色不变。

（七）使用防腐膜贮藏

将保鲜涂料涂到番茄梗部可以形成一层防腐膜，通过控制番茄的呼吸强度，从而达到防腐保鲜、延迟成熟的目的。涂料的配制：蜜蜡10份，酪蛋白2份，蔗糖脂肪酸酯或油酸钠1份，经过充分地搅拌混合，配制出一种乳浊状的涂料。

此外，另一种番茄防腐膜涂料，效果也很好。其配方为：10份蜜蜡，20份阿拉伯胶，1份油酸钠或者蔗糖脂肪酸酯，混合均匀，加热到40℃，等到变成糊状即可。涂抹在番茄的梗部，可作为防腐膜的形成剂。

第四节　番茄的加工技术

目前，我国的番茄品种流行于世界，2007年，我国番茄酱的出口值占出口市场的45%之上。近年来随着我国番茄种植面积增加、番茄单产提高和番茄加工制品质量提高，以及出口市场的需求增长带动了我国番茄加工产业的迅速发展，曾经由欧盟主导世界番茄加工制品市场的局面正逐渐改变，传统番茄制品大国的市场份额渐渐被我国占据。

一、番茄酱的生产加工

我国地方生产的番茄酱按照浓度划分有两种,一种是高浓度的番茄酱,其质量标准为:番茄酱体呈红色,色泽均匀,组织形态细腻,黏稠度高,无水液析出,具有番茄特有风味,没有任何异味,除了加入食盐,不允许加入任何调料或者调味品,其含盐量不能超过2%~3%,可溶性固形物含量应达28%~29%,每100克鲜重番茄红素含量应在35毫克以上,没有任何杂质,没有因为微生物引起的腐败,镜检真菌时不超过视野的40%。另外一种是低浓度番茄酱,其质量标准与高浓度番茄酱大致相同,但浓度较低,一般可溶性固形物的含量低于24%,高于22%,番茄红素的含量也可以根据比例降低。

(一) 工艺流程

番茄酱的生产过程一般是验收以及贮存原材料—清洗材料—选择和修整—绞碎、预热以及打浆—配料—浓缩—加热杀菌—装罐封口—罐头灭菌—贴印商标入库。

(二) 操作要点

1. 验收以及贮存原材料　不管制作高浓度还是低浓度的番茄酱,对原料的要求都是达到完全成熟,各部分红熟程度均匀一致,无青肩或青斑,基本上无黄斑或黄晕,也无病虫伤害,果实的梗洼木栓化现象少,果蒂浅小,果梗和宿萼去除较干净,果脐较小,没有畸形和开裂,果实新鲜、硬朗,皮不起皱,可溶性固形物含量达4.8%以上,每100克鲜重番茄红素的含量高于7毫克,果实糖酸的比值达 8~10，果肉厚于 6.5 厘米，pH 值在 4.2~4.3，果肉红色、胎座红或粉红色，种子周围胶状物呈红色、粉红色或黄红色，但绝不可以为绿色，否则番茄酱容易发黑，影响总体质量。在原料收购过程中，应按照相关要求，逐箱验收，剔除不合格果实。剔除带有绿肩、污斑、裂果、损伤、脐腐和成熟度不足的果实。原料如果不能立即投入生产，应该放进冷库中贮藏，库温需维持在 3~5℃之间。

2. 清洗材料　先浸洗，再用水喷淋，务求干净。不残留尘土杂物，残留氯含量不能多于 5 毫克/升。

3. 选择和修整　在第一次洗涤之前，应对原料进行检查，去除霉烂以及青绿的果实以及石子、草屑等杂物。同时对有青斑块、黄斑块及病虫斑的个别果实要分别取出，削除所有的斑块后再放回，保证番茄进料质量。

4. 绞碎、预热以及打浆　打浆采用切碎机或捣碎机将果实破碎去籽，防止打浆时种子被打碎，进入果浆中影响了产品的质地、口感以及风味，破碎去籽可以采用双叶式轧碎机，然后经回转式分离器（孔径 10 毫米）和脱籽器（孔径 1 毫米）进行去籽。预煮使破碎去籽后的番茄原浆可以在 5~10 秒内迅速升温到 80~85℃，从而抑制果胶酯酶以及丰乳糖醛酸酶的活性，避免使果胶物质变性，降低酱体的黏稠度。原浆经预煮后进入三道打浆机，原料在打浆过程中受到高速回转刮板的拍打，变成浆状，而浆汁通过离心穿过圆筛孔，入收集器至下一道打浆器。皮渣、种子等则由出渣斗排出，从而达到浆汁与皮、渣、种子相分离。番茄酱的制作过程需要经过 2~3 次打浆才能去除果皮、细小的种子以及粗纤维。

5. 配料、浓缩　因番茄酱的种类和名称的不同，要求酱体有不同的浓度和配料。番茄酱产品由打浆后的原浆浓缩而成，为了增加产品的味道，一般按照成品计算，加入食用盐 0.5% 和白砂糖

1.0%~1.5%。番茄沙司加盐、水醋酸、洋葱、大蒜、红辣椒、姜粉、肉桂、豆蔻以及丁香等调味料、辛香料。生产企业按照市场的需求，配制出多种配方，不过产品食盐的含量标准为2.5%~3%，酸度0.5%~1.2%（以醋酸计）。洋葱、大蒜等磨成浆汁以后加进去；丁香等的香料放进布袋里熬出汁或者把布袋投进去，等番茄酱浓缩完成后再取出。番茄酱的浓缩分常压浓缩和减压浓缩。常压浓缩即物料在开口的夹层锅中，使用6千克/厘米^{2}的高压热蒸汽进行浓缩操作，20~40分钟完成。减压浓缩采用双效真空浓缩锅，1.5~2.0千克/厘米^{2}的热蒸汽加热下，物料处在600~700毫米真空状态下进行浓缩，50~60℃下，产品的色泽以及风味都很好，不过设备的成本比较高。番茄酱用折光仪来确定浓缩终点，当测得产品浓度较规定标准高出0.5%~1.0%时才可终止浓缩。

6. 加热、装罐　浓缩后的番茄酱加热到90~95℃时装罐。装罐的容器分为三种，即马口铁罐和牙膏形塑料袋、玻璃瓶。现有用塑料杯或牙膏形塑料管，将番茄沙司作为调料进行包装。装罐以后需要排气密封。

7. 杀菌、冷却　杀菌温度和时间按包装容器的传热性、装量和酱体的浓度流变性而定。杀菌以后的塑料袋和马口铁罐需要用水冷却，玻璃瓶为了防止破裂，需要逐渐降温，分段冷却。

二、番茄汁的生产加工

番茄汁又叫番茄原汁，具备番茄天然的风味以及特有的颜色，维生素含量丰富，属于国际上消费量较大的保健饮料，在我国目前产量还不大，有逐年增加的趋势。

番茄汁的质量标准包括：充分熟透的番茄原汁，不添加任何添加剂，可有少量的食盐，颜色鲜红，汁液均匀一致，果肉颗粒均匀悬浮于原汁中，无沉淀和分层现象，各种天然营养成分保留完备，每 100 克鲜重番茄，含番茄红素高于 7.5 毫克，可溶性固形物高于 5%，总固形物高于 7%，糖酸比值 9~12，pH 值 4.2~4.3，每 100 克鲜重番茄维生素 C 含量高于 12 毫克，没有任何异味，味道浓。番茄汁的品质与选择品种、土壤条件、气候、栽培方式、收获时成熟度和加工方法等许多因素有关，必须从各方面改进，才能提高番茄汁的质量。番茄汁的颜色、香气、味道以及黏稠程度与选择的品种有关。

（一）工艺流程

番茄汁的工艺流程包括品种选择—品种预处理—榨汁—调配—脱气、均质—灌装、封口—杀菌、冷却。与番茄酱加工工艺流程大致相同。

（二）操作要点

1. 品种选择　选择新鲜、成熟、没有损伤、没有病虫害以及未腐烂变质的番茄品种。

2. 预处理　将番茄洗净，去蒂柄、修去斑点及青绿部分，用去籽机将番茄破碎、去籽后，用加热器将番茄加热到 85℃ 以上。

3. 榨汁　用打浆机或螺旋式榨汁机榨汁，浆汁中要求无碎籽皮、黑点及杂质等，将出汁率控制为约 80%。

4. 调配　番茄原汁进入调配缸，添加 0.5%~1.0% 的食盐（食盐要配成溶液过滤以后加入）。一般不允许番茄原汁内加蔗糖，只有少数国家统一在番茄原汁内加入小于 1% 的蔗糖。

5. 脱气、均质　脱气时的真空程度为 0.05 兆帕，脱气 3~5 分钟，均质的温度要求高于70℃，压力要求18兆帕以上。

6. 灌装、封口　番茄汁加热到85℃以后可以进行灌装，封口时其中心温度必须高于80℃。

7. 杀菌、冷却　封罐后，立即将罐头移至连续回转式压力杀菌机中，加热121℃，杀菌42~45秒，之后放进加氯的水中冷却，低于35℃取出，擦干后印上代号，贴商标等，最后装箱入库。杀菌也可加热到100℃，维持5~10分钟完成。

(三) 质量标准

合格的番茄汁要求为红色或者橙红色，汁液浑浊而均匀，不能析出水分以及出现结块现象，同一罐内汁液色泽应一致，有新鲜番茄的香味和气味，无异味。

(四) 关于番茄汁的沉淀现象

番茄汁有以下四种沉淀现象。

(1) 果肉细碎颗粒产生的沉淀。风味正常，但在显微镜下可看到少量的沉淀。

(2) 罐头生产在仓库存放5~7日后，其形成过程先在番茄汁中出现灰白色夹杂物，后逐渐沉到罐底，3周后，番茄汁澄清，颜色鲜明，沉淀变成灰白色的粉状沉在罐底，味道酸败。

(3) 在生产后经过1~2个月，甚至更长一段时间才出现少量灰白色沉淀，酸度变化不大，在显微镜下可见沉淀中的微生物。

(4) 番茄汁产生淡黄色沉淀，并逐渐产生像用不新鲜原料所加工的味道，在显微镜下发现沉淀里有很多以各种球菌为主的微生物。细菌性沉淀源于原料污染，停工或者生产间歇时的卫生条件不合要求等，这主要是成品中存在耐热性微生物所致，使番茄汁的化学组成、外观颜色以及味道都发生了改变,并且跟着灰白色沉淀而变化显著。番茄汁变成鲜红色,味道变酸不能食用。

加强生产过程中的卫生管理,控制番茄汁的 pH 值低于 4.3,装罐前先进行高温杀菌可以防止细菌性沉淀。

三、整形番茄的生产加工

整形番茄又叫原汁去皮整番茄,在国内的番茄罐头制品中较为突出。食用时可以品尝到完整的番茄果实,同时也可以品尝到番茄汁的风味,在国际市场上有一定的销路。

合格质量的整形番茄有两个方面的标准:一是要求番茄果实美观,可为梨形、长圆形或者椭圆形,果实较小,单果重在 40~50 克之间,且较均匀一致,去皮的果肉均呈大红色或者鲜红色,果实红熟均匀,没有青肩和黄肩,没有青斑、黄斑以及病虫斑,果肉的表面细腻光滑,无明显的维管束网状脉纹,果实完整,无破裂及漏籽现象,果肉厚,较致密坚韧,心室约为 3 个,种子少,味道鲜美,果肉的重量约为罐头总重量的 66%,每 100 克鲜重含维生素 C 约 12 毫克,无其他明显缺陷;二是填充的番茄汁或低浓度番茄酱也要达到质量标准。

(一)工艺流程

整形番茄的生产工艺流程为:品种验收和贮存—清洗进料—选剔—果实去皮—装罐、封口—高温杀菌。

(二)操作要点

1. 品种验收和贮存 在番茄制品中,整形番茄对品种的要求最严格，其要求包括：果实完全成熟，果肉均匀全红，无青肩、黄肩，无青斑、黄斑块和病虫斑点，胎座和种子周围的胶状物都是红色、粉红色或者红黄色，果实要求每颗重约 50 克，每一级别的差距小于 10 克，果实梨形或长圆形，果形指数（果实纵茎/横径）在 1.3～1.6，果实表面光滑，果蒂浅小，果肉厚于 6.5 毫米，坚韧而细密，不容易变形以及破裂；适合机械或者手工去皮，果实心室 2～3 个，种子少，果实可溶性固形物含量 5%左右，每 100 克固形物含量高于 13 毫克，糖酸适中，味道鲜美。品种选择时应严格按照上述标准。

原料收购必须符合以上质量标准。原料验收后，要逐箱码放整齐，标明收购日期，以利于按照顺序进行投产。如果不能直接生产，必须放进冷库中码放贮藏，冷库内温度控制在 3～5℃。

2. 清洗进料　进料清洗与制造番茄酱的工艺相同。

3. 选剔　清洗完后，仔细翻检番茄，挑出红熟不一致、有各种斑疤、裂口果弃去不用，只允许果蒂部分带有少许黄色，但其直径不能超过 1 厘米。另外，对果形指数高于 1.6，低于 1.2 的圆形果、长形果，以及果面不光滑、果实不对称的畸形果也需要剔去。

4. 果实去皮　碱液去皮法：先配制 8%～9%的氢氧化钠溶液，然后将洗净的番茄放入浸泡，轻轻翻动，使浸泡均匀，2～3 分钟以后，果皮脱落，再将番茄放进 88℃的热水中浸泡 15 秒，使果皮、果肉分离，然后用去皮机器去皮或人工去皮。

5. 装罐、封口　番茄去皮后清洗干净，用浅盆或者桶运送去装罐。我国人工装罐，容器多用 425 克和 850 克两种罐形。前者装果 6～7 个，后者装果 12～14 个，随后灌入番茄汁或者适量的番茄酱，满足规定的克数。番茄汁的温度必须高于 90℃，如果已经冷却，需加热到 80～85℃，保持 6 分钟，排出空气。送封口机封口，并洗净罐壁。

6. 高温杀菌　整形番茄的高温杀菌、打印代号、贴商标等和番茄汁做法相同，杀菌时也可采用常压，在100℃下保持10~30分钟，冷却15~20分钟。

四、番茄蜜饯的生产加工

番茄蜜饯又叫番茄果脯，是一种蜜饯干制品，属于20世纪90年代以后我国番茄加工产品中的新产品。我国制造果蔬蜜饯已有2000多年的历史，但多用桃、李、杏、枣和冬瓜、生姜等作为原料，后来才发现一些优良的加工番茄品种也可以用来制作番茄果脯，试制成功后，已在新疆部分工厂投入生产。目前主要在国内销售，由于其营养丰富，风味甜美，生产成本不高，受到国内市场的喜欢。

番茄蜜饯生产工艺及操作要点如下。

1. 选料　选择中等大小、圆形、没有病虫害、晚熟的番茄作为蜜饯原料。

2. 清洗划缝　将番茄用清水洗净，摘去果蒂，用刀片在果身中部对称划四道约1厘米的口子，压扁。

3. 硬化　清洗划缝后的番茄放进15%石灰水澄清液里浸泡，12小时后捞出，用流动水漂至无石灰味，再捞出沥干。

4. 糖渍　将番茄、砂糖和水按照5∶2∶4的比例，先将砂糖放到水中煮沸，溶化后倒入硬化过的番茄中，浸渍24小时，然后每天只浓缩糖液（浓度比原来提高10°~15°），番茄中不加糖渍。6天后，等糖渍液体浓度高于55°时将番茄取出，去糖液，用清水清洗一下。

5. 烘干　将加糖蜜制的番茄果脯半成品取出，在65℃下排风烘干，保证含水量约为25%。

第五章 番茄的疾病与防治

第一节 番茄的主要病害与防治

一、立枯病

（一）形态及危害

番茄幼苗感染立枯病后，白天呈现凋萎状态，晚上恢复原状，如此数日后枯萎死亡，其靠近地面的幼茎成暗褐色，渐次成黑褐色，后收缩变细造成幼苗折倒。病部生有不显著的淡褐色蛛丝样子的霉。

立枯病是一种因立枯丝核菌感染而出现的土传真菌性疾病，番茄病部的浅褐蛛丝状的霉即病菌的菌丝体。病菌的菌丝或菌核在土壤里的病株残体和其他有机质上可以生活多年，苗床上带菌便会使幼苗受到危害，气温如果高于15℃，低于21℃就会发生该病，18℃时病变频繁。温暖多湿，播种过密，浇水过多，会造成床内闷湿，不利幼苗生长，都易发病。

（二）防治方法

（1）苗床选择时应找地势高、排水便利的地方，肥料要求腐熟充分，播种应均匀，不宜过密。

（2）选用无病菌的土壤作苗床土。旧床土需经过药剂消毒后才能使用。苗床消毒每平方米使用50%福美双可湿性粉剂或者65%代森锌可湿性粉剂，70%五氯硝基苯粉剂等量混合6~8克；或用五氯硝基苯或50%多菌灵6~8克，各加拌干细土12.5千克左右混匀制成药土，在播种之前撒1/3的药土作为垫土，播种后再撒一层药土，可预防立枯病。

（3）注意种子处理与苗床管理。种子播种前用55℃温水浸种，或用药剂处理后，再催芽播种。严格控制苗床温度和湿度以及浇水量，注意透气通风，防治幼苗冷害，如果有病苗，应马上拔除、烧毁或者深埋。

（4）药剂防治。在发病初期，用石灰粉1千克、草木灰10千克混匀撒施，或喷洒铜铵合剂（碳酸氢铵与硫酸铜以11∶2的比例磨成粉末后混合均匀，密封一天后，每千克混合粉末加400千克水使用），或用70%代森锰锌可湿性粉剂500倍液喷雾，每隔7~10天喷药1次，连喷2~3次。

二、青枯病

（一）形态及危害特征

我国南方茄科蔬菜经常受到青枯病危害。患病植株长到30多厘米高后开始发病，先是顶部的叶片凋萎，然后下部叶片凋萎。病株最初白天萎蔫，傍晚以后恢复正常。如果土壤干燥，气温高，2~3天后病株死亡，叶片稍微无光泽，但依然为绿色，因此被称为青枯病。患病植株的茎下端，往往表皮粗糙不平，常发生大而且长短不一的不定根，病茎木质部褐色，用手挤压，会渗出乳白色的黏液，这是青枯病区别于其他病的一大特征。该病的病原属于细菌类，病菌主要在土壤中越冬，能在土中腐生6~7年。越冬的病菌从菜株根部或茎基部伤口侵入，再蔓延到上部，使植株的疏导组织被破坏，茎、叶因无法获得水分变得萎蔫，该病常发生于5月中下旬到6月。

(二) 防治方法

1. 轮作　可使用3年轮作的方法，重病地区实行4~5年轮作防治该病，轮作时使用水旱轮作效果明显。

2. 加强栽培管理　发现病株立即拔除深埋，病穴撒施石灰粉。

3. 药剂防治　植株患病初期，可使用50%多菌灵可湿剂粉剂或者50%苯来特1000倍液或链霉素200~300单位灌根。每10天1次，连灌3~4次。

第二节　番茄的主要虫害与防治

一、蚜虫

(一) 形态及危害

蚜虫又叫蜜虫，分布于全国各地。蚜虫经常积聚在叶片的背面以及嫩梢上面，用其针状的口器插入植株寄生组织，吸食汁液。被害叶变黄，叶面皱缩下卷，菜株生长受阻而萎缩，甚至死亡。与此同时，蚜虫还可以传播各种病毒病，其危害大于本身。

蚜虫分有翅蚜和无翅蚜，都为孤雌胎生，1年内可繁殖十几代至几十代，世代重叠极为严重。南方地区的蚜虫，其繁殖方式可以常年为孤雌胎生，低温干旱条件下蚜虫生活得更好，因此春秋两季时蚜虫为害最严重。

（二）防治方法

可使用2000~3000倍液的50%抗蚜威或者英国的50%辟蚜雾（含抗蚜威成分）可湿性粉剂，或40%乐果1000~2000倍液，或灭杀毙（20%增效氰，马乳油）3000倍液，或20%速灭杀丁乳油2000倍液体。进行保护地栽培时，使用22%敌敌畏烟剂，选择傍晚对棚密闭熏烟，每亩0.5千克，为避免有翅蚜迁入菜田传毒，可将要保护的菜田间隔铺设银灰膜条。在播种或者定植之前就准备好，防患于未然。

二、棉铃虫

（一）形态及危害

棉铃虫又叫钻心虫，杂食动物，是常为害棉花的害虫之一。其为害的蔬菜有茄子、番茄、辣椒，也有瓜类、豆类等。以幼虫咬食叶片、嫩芽和嫩茎，吃成小孔或缺刻甚至吃光叶肉仅留叶脉；并且喜欢钻进果实内，引起病害侵入果实造成腐烂，降低果实品质甚至减产。

棉铃虫在长江以南每年发生5~6代，云南7代。以蛹在土中越冬。成虫白天潜伏在叶背、枯叶或者杂草丛中，晚上才开始活动，

在一定程度上趋光以及趋甜。产卵大多在植株的嫩叶、嫩茎以及花蕾上面。幼虫孵化后为害嫩叶、嫩茎。1~2龄时吐丝下垂分散为害。幼虫喜欢经常性地改变取食的部位，在为害番茄果实时，不会全部钻进去，而是经常换果为害，成熟后入土3.3~6.6厘米做土室化蛹。

（二）防治方法

1. 药剂防治　棉铃虫3龄以上有较强的抗药性，因此，最佳施药时期应定在幼虫3龄之前以及未钻进果实时。用21%灭杀毙乳油1500~3000倍液，或50%马拉硫磷乳剂800倍液。

2. 人工捕捉　每天清早在菜株上捕捉棉铃虫幼虫。

3. 诱捕成虫　可利用黑光灯或柳树枝诱捕。

4. 处理　采取集中处理方式，清除烂果以及落果。

第三节　番茄的主要生理病害与防治

一、番茄裂果

（一）形态及危害

番茄裂果出现在果实接近成熟期的时候，果皮表面形成放射状、环状或者条纹状的裂纹。放射状裂果产生在果实的绿熟期，在果蒂附近产生微细的条纹开裂，转色前 2~3 天裂痕明显，裂纹以果蒂为中心，向果肩部位延伸，呈现放射状深裂。环状裂果主要是在果蒂的周围呈现环状浅裂，多在果实接近成熟时出现。条纹裂果是果实顶部呈不规则条状开裂。

　　果实发育后期，夏季如果遇到烈日、干旱、高温和暴雨，导致果皮的生长速度和果肉组织的膨大速度不同步时，膨压增大，则出现裂果；土壤中硼元素缺乏或者吸收受阻，导致果皮老化，同时容易产生裂果。

（二）防治方法

1. 选择合适的品种　选择枝繁叶茂、抗裂果的品种。

2. 加强水肥管理　控制好土壤水分，尤其是结果期不可以过干过湿，大雨前不宜太干，下雨后应尽快排水。进行保护地栽培时，结果期要控制空气湿度低于 65%。增加有机肥，改良土壤结构，提高保水保肥的能力。雨季或者大雨前要及时采收。

3. 药剂防治　为了提高抗性，增加番茄抗裂果的能力，可以喷施 0.1% 的硫酸锌溶液或者喷洒 0.5% 氯化钙溶液。

二、番茄沤根

(一) 形态及危害

在番茄的育苗期间或者定植的初期,不生新根,幼根的表面出现锈褐色,之后慢慢腐烂,致使上部叶片变黄,严重的萎蔫枯死,幼苗易被拔起。

温度太低、太高,干旱,肥料不够腐熟都是引发番茄沤根的原因,如温度长时间低于12℃,浇水量过多,或者遇到连续阴、雪天,苗床温度过低使根部吸收受阻,时间过久使根部逐渐死亡从而引发沤根。使用没有腐熟的有机肥,肥料发酵时产生的高温也会伤害根部,从而造成沤根。

(二) 防治方法

1. 育苗期间加强土温管理　条件好时可采用电热线为幼苗加

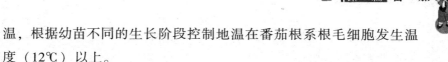

温，根据幼苗不同的生长阶段控制地温在番茄根系根毛细胞发生温度（12℃）以上。

2. 使用恰当的栽培措施　平整地整理畦面，防止浇水时某些土地太湿，某些土地太干。注意育苗和生产设施的管理，注意放风的时间、通风量的多少等，避免对设施内土壤的温度降低太多，形成沤根。

三、番茄空洞果

（一）形态及危害

番茄空洞果指的是果实的内部生成空腔，即果实的胎座发育不良和果壁之间产生了空腔。空洞果果实内果胶少、果胶物质不发达，几乎没有种子。这种果实外形有棱，果肉少，品质差，味道不浓。

在番茄开花期，如果遇到高温、低温、光照不足等情况，使不良花粉增多，影响了正常受精，会导致只有果壁组织发育而胎座组织发育不良，形成无籽番茄。使用生长素方法不当，如过多使用生长素处理还未成熟的花蕾，就会导致空洞果的增加；或者使用生长素后水肥跟不上，浓度高。过早或后期早衰，氮素过多，植株过旺也会发生。

（二）防治方法

1. 选用合适的品种　避免空洞果可选用早熟小果型或者多心室的番茄品种。

2. 控制温度　苗期番茄2～4片真叶展开期，也就是番茄植株花芽分化时期的温度必须高于12℃，晚间温度控制在17℃左右。在番茄开花期，需要避免高温（35℃）对番茄受精的危害，促进胎座的正常发育。

3. 生长素使用恰当　开始使用生长素时应从第一花序半数以上的小花开放时蘸花，蘸花后3天，如见子房开始膨大，说明已经坐住果，应该及时选留3~4个果实，其余的花和果全部摘掉，以保证养分能够集中供应，解决因营养不良原因造成的番茄空洞果。

4. 加强生育后期的水肥管理　应该在番茄各个花序小花坐果后及时施肥和浇水，特别是生长素处理之后大量使用水肥，防止植株提前衰老，计划好留果数量，避免留果太多造成空洞果。

第三篇 辣 椒

第一章 辣椒的品种与育种

一、依据果实的特征分类

(一)灯笼椒类

灯笼椒果实短粗,形状类似灯笼或柿子。灯笼椒的植株极其粗壮,且呈直立型,每节的节间段长,但是分枝的角度小,通常在一级的分枝之后,每节再不能分枝,仅仅依靠其中从叶腋所生出的一个定芽得到发育,并且向上延伸,这样才能使植株直立向上生长。因为分枝少,所以灯笼椒是可以密植栽培的品种。

(二) 长角椒类

长角椒的果实形如长角,犹如牛角、羊角或其他更细长呈线形(线椒)的种类。其植株高大,呈直立或半直立状,每节的节间段较短,分枝的角度大,通常第一、第二级的分枝或隔节能形成两个分枝,因此其株形开张,分枝的数量多,故而多产。但是二级以上的分枝,一般却只能发育一个分枝,若一个分枝特强,另一枝就会略弱,因此后期的产量会逐渐减少,故而其产量以前期为高。

(三) 小椒类

小椒的果实短,呈锥形,其植株生的极矮,其节间段短而密,枝叶细小,多为有限的分枝型,即主茎的生长在达到一定的叶数以后,顶部就会以花簇封顶,果实硕累,同时其侧枝亦会以花簇封顶。

二、依据用途进行分类

（一）鲜食辣椒

鲜食辣椒简称为"鲜椒"，即通常人们所说的"菜椒"。其果肉厚，一般皆以新鲜的果实作为食用品类，以其辣味的浓淡而将其分为辣、微辣以及甜椒三种类型。鲜食辣椒的栽培以灯笼形、牛角形和羊角形为主，在一些嗜辣的地区亦喜欢鲜食线椒。

（二）干辣椒

干辣椒也简称为"干椒"，是辣味特浓的干制辣椒。其果肉较薄，干椒的含水量极小，但辣椒素的含量极为丰富，辛辣味极强，是特别容易制干的品种，干辣椒主要用作食用调味品。

（三）观赏辣椒

辣椒有的品种果实优美，其色彩极其艳丽，果实的颜色有红、橙、黄、绿、紫、白等，这类辣椒主要用作观赏栽培，并且具有很高的观赏价值。

三、辣椒的主要优良品种

（一）京甜1号

京甜1号是北京市农林科学院蔬菜研究中心培育的一种辣椒品种。

特征特性：京甜1号是中早熟的甜椒一代杂交种，生长得极为健壮，其始花的节位为9~10节，果实长且呈粗锥形（大炮椒），其嫩果呈翠绿色，果实成熟时红色鲜艳，此类辣椒耐贮运。它的糖分和椒红素含量很高，果肉厚而光滑，其商品性好，易于脱水加工。其果形为（14~16）厘米×（5.5~6.3）厘米，单果的重量为90~150克，并且它持续坐果的能力强。耐热、耐湿的性能好，抗病毒和青枯病的能力强。

（二）中椒11号

中国农科院蔬菜花卉研究所培育。

中椒11号

特征特性：中椒11号是中早熟的甜椒一代杂交种，其果实的形状长如灯笼，果实表面光滑，果实为绿色，其纵向直径为10.9厘米，横向直径为5.96厘米，果肉的厚度为0.49厘米，3~4心室，单果的重量为80~100克，亩产一般为4200~5500千克。其植株的生长势极强，始花的节位平均为8.6节。果实味甜而质脆，品质上乘，商品性好。此类品种的连续结果性强，采收时期的果实大小整齐，商品率亦高于中椒5号，并且抗病毒病。

(三) 甜杂7号

甜杂7号

北京市农林科学院蔬菜研究中心培育。

特征特性：甜杂7号是中熟的甜椒一代杂交种，其果实呈绿色，果实的形状犹如灯笼，果实表面光滑，果实的纵向直径是9.5厘米，横向直径是7厘米，果实的肉厚是0.5厘米，果肉质感脆嫩，辣度为甜，单果的重量是100~150克，通常产量每亩为2200~4700千克。此品种耐贮运，抗病毒病的性能好。

(四) 海花3号

北京海淀区植物组织培育技术实验室培育。

特征特性：此乃早熟的甜椒一代杂交种。其果实形似长方灯笼，果实的颜色为深绿色，果实表面光滑，果实纵向直径9厘米，横向直径7厘米，果肉厚度0.4厘米，单果重量80克，产量每亩大约为4000千克。果肉质感脆嫩而微甜，抗病性能强。

(五) 巨钟

美国阿特拉斯种子公司培育。

特征特性：巨钟是中熟的甜椒一代杂交种。果实长方形，果实色泽亮绿，表面光滑，果实的纵向直径 18 厘米，横向直径 10 厘米，果肉厚 0.8 厘米，单果的净重 350 克，每亩的产量为 6000 千克。巨钟的果实肉感脆嫩，辣度微甜，抗病性强，且耐旱。

(六) 织女星

台湾农友种苗公司培育。

特征特性：织女星是早熟的甜椒一代杂交种。果实形如方形，颜色为深绿色，表面光滑，果实的纵向直径为 9 厘米，横向直径为 8 厘米，果实肉厚 0.57 厘米，单果净重 190 克，每亩的产量 4900 千克左右。其果实肉感脆嫩，辣度微甜，并且抗病性能强，抗逆性也强。

(七) 哈椒 1 号

黑龙江哈尔滨市蔬菜科学院研究所培育。

特征特性：哈椒 1 号是中熟的甜椒一代杂交种，其果实形似灯笼，颜色黑绿，果实表面微皱，果实的纵向直径为 9~11 厘米，横向直径是 8~9 厘米，其肉厚 0.4 厘米，单果重量为 150~200 克，每亩产量 1700 千克左右。其果肉质感脆嫩，辣度微甜。哈椒 1 号高抗病毒病，抗倒的性能强。

哈椒 1 号

(八) 黄星 1 号

北京市农林科学院蔬菜研究中心培育。

黄星1号

特征特性：黄星1号属于早熟的甜椒一代杂交种，果实如方形灯笼，生长健壮，果实成熟时颜色会由绿转黄，果实表面光滑，含糖量高。其始花节位为8~9片叶，3~4心室，果形是10厘米×8.5厘米，单果重量是160~220克。此品种的持续坐果能力强，整个生长季节果形都能保持得较好，并且黄星1号耐贮运、耐低温、弱光，转色快。其抗烟草花叶病毒病和青枯病的能力好，适宜种植在保护地。

（九）巧克力甜椒

北京市农林科学院蔬菜研究中心培育。

特征特性：巧克力甜椒属于中熟的甜椒一代杂交种。其生长健壮，果实形如方形灯笼，果实成熟时颜色由绿色转变成诱人的巧克力色，果实表面光滑，含糖量高，其始花的节位为10~11片叶，果形为10厘米×9厘米，单果重量为150~250克。巧克力甜椒的持续坐果能力强，并且抗病毒病和青枯病，耐贮运。适宜种植在北方保护地和南菜北运的基地。

（十）白公主

先正达种子公司培育。

特征特性：白公主是甜椒一代杂交种。它的生长势属于中等，却极早熟并且容易坐果，果实方形，色为蜡白，但果实成熟时，颜色从乳白转为亮黄色,果实表面光滑,果实纵向直径 9.5 厘米,横向直径 9 厘米,单果的平均重量是 170 克。

(十一) 黄欧宝

先正达种子公司培育。

特征特性:黄欧宝是一代杂交种,果实形状方正,成熟时颜色会由绿转黄,其坐果能力强,果肉中等厚度,果实纵向直径 10 厘米,横向直径 9 厘米,单果的平均重量为 180 克。此品种耐马铃薯 Y 病毒,能抗烟草花叶病毒病,抗生理紊乱。

(十二) 紫贵人

先正达种子公司培育。

特征特性:紫贵人是一代杂交种。其果实形如方形,生长势中等,极早熟。坐果能力强,坐果后的果实颜色变为紫色。果实纵向直径为 9 厘米,横向直径为 8 厘米,单果的平均重量为 150 克。

紫贵人

紫贵人耐马铃薯 Y 病毒,能抗烟草花叶病毒病。

(十三) 红英达

先正达种子公司选育。

特征特性:红英达是一代杂交种。其果实方形,植株生长极为旺盛,它收获时间集中,成熟时的颜色由深绿转为深红色。红英达坐果容易,果皮表面光滑,果肉却较厚。果实的纵向直径是 12 厘米，横向直径是 10 厘米，单果的平均重量是 200 克。此品种耐生理紊乱，耐马铃薯 Y 病毒，亦能抗烟草花叶病毒病。

第二章 辣椒的育苗方法

第一节 甜椒的育苗

甜椒的育苗是指从播种到定植的管理阶段。甜椒高效栽培的最关键技术之一是培育整齐一致的壮苗。相较于直播，育苗可以延长甜椒的生育期，使其提早成熟，进而增加产量，育苗还可以增多种植的茬口，使其躲避自然灾害，降低种子的用量等。甜椒优质、早熟、高产的保证即培育壮苗。植株生长健壮即株高 25 厘米左右，枝叶伸展并且完整，没有病虫害，茎粗而节间较短，叶片厚而叶色较深，根系发达，花蕾明显可见，待开花是甜椒的生态壮苗标准。

一、甜椒育苗的意义

蔬菜种植中，先育苗后移栽是蔬菜栽培技术史上的一大进步，育苗工厂化的应用是 21 世纪农业发展的方向，更是我国向现代化农业发展的一个标志。育苗技术可以节省用种量，每亩甜椒的育苗移栽仅需要种子量 30~50 克，较直播的用种量要少很多，采用育苗技术的同时还提高了土地的利用率。一般的传统直播冬季要闲田，然而育苗的前茬却可以种越冬蔬菜，这样就解决了季节衔接的矛盾。此外育苗还可以使幼苗集中在面积小的苗床上生长，从而便于管理、节省劳动力，同时还提高了秧苗质量，进而提高了幼苗对于病虫害以及不利环境条件的抵抗力。应用育苗技术可以提早上市甜椒，且能提高甜椒的产量。一般大田直播的甜椒，因为受到陆地气候条件的限制，要到 7 月中旬以后才能上市。如若采用保护地育苗、保护地栽培，其收获期便可以提前到 4 月下旬。提前出苗会使甜椒的生育期延长，进而提高了坐果率，最终达到单位面积的甜椒增产增效。

二、甜椒壮苗的标准

甜椒壮苗是甜椒早熟高产的关键技术之一，秧苗的健壮与其外观和生理都有关联。

（一）外观标准

（1）健壮的甜椒秧苗一般茎短粗，节间段短，叶片厚，颜色深绿，秧苗的高度不超过 25 厘米，一般具有真叶 7~9 片，晚熟品种的真叶可达 8~10 片，并且中早熟的品种已经能看到第一花蕾了。

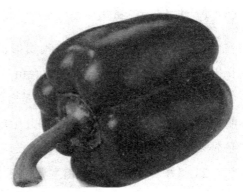

甜 椒

（2）健壮的秧苗的叶片颜色呈深绿色且具光泽，叶片舒展且厚实，其叶柄向上展开，并且与植茎间的夹角成45°生长。

（3）健壮秧苗的根系极为发达，侧根的数量亦众多而呈现白色。

（4）健壮秧苗整株都发展得极为平衡，没有病虫害，亦无老公苗（生长点受阻，只长其他叶片）。

（二）生理标准

健壮秧苗的生理表现是其内蕴含丰富的营养物质，细胞液的浓度大，表皮组织中具有发达的角质层，茎秆较硬，秧苗的水分不容易蒸发，并且对栽培的环境具有强大的适应性和抗逆性。因而健壮的秧苗耐旱且较耐低温，定植后的秧苗缓苗快，开花早，结出的果实也多。

三、甜椒育苗的方法

（一）保护地育苗

在气候较为寒冷的季节，利用保护地育苗可以为甜椒幼苗的生长提供适宜的环境条件。保护地育苗主要有以下几种方式：

1. 阳畦育苗　阳畦即冷床，是由床框、风障和覆盖物（包括透明覆盖物和不透明覆盖物）三部分组成。阳畦育苗的主要增温来源是靠吸收太阳辐射，再无其他加温设施。

2. 温床育苗　温床育苗主要包括电热温床、酿热温床、火热温床和水热温床四种方式。地热线加热温床是华北冬春季甜椒育苗的主要方式。地热线加温系利用电流通过阻力大的电导体，把电能转化成为热能来给土壤加温。电热温床加热快，并且床温还可按需要进行人工调节或自动调节，因而电热温床受气候条件的影响不明显。

3. 温室育苗　温室可以按照加温的方式分为加温温室和日光温室；按照采光材料的不同分为玻璃温室和塑料薄膜温室；按照温室的结构不同分为单屋面温室、双屋面温室和连栋温室。目前生产上采用较多的是塑料薄膜温室，即由土墙或砖墙、塑料薄膜和钢筋或竹木骨架构成，亦可根据自己的需要添加一些加温设施，并且塑料薄膜温室还可用于育苗，兼用于蔬菜生产，因此采用塑料薄膜温室经济而又实用。

4. 塑料小拱棚育苗　长江中下游地区普遍采用的育苗设施就是塑料小拱棚。塑料小拱棚主要是由塑料薄膜、竹竿组成的，其结构不仅非常简单，而且也很方便应用，但是保温效果却一般。然而如若在小拱棚上加盖草苫，或采用双层薄膜也可以加强保温，如若在塑料小拱棚的外边加扣塑料大拱棚亦能增强保温的效果。

(二) 无土育苗

利用营养液直接育苗或将营养液浇在卵石、炉渣等培养基上来养苗即为无土育苗，无土育苗是当今比较先进的一种育苗方式。运用无土育苗，不仅出苗快，而且秧苗整齐，秧苗生长的速度快，长势好，相对于其他育苗方式而言，无土育苗可提早一个多月，并且无土育苗可以对秧苗生长的光照、温度、营养、水分等进行人工调节或自动控制。但是，相较于其他的育苗方式，无土育苗不仅费用较高，而且还需要掌握一定的技术，因此无土育苗主要是被专业化的公司等用于机械化工厂育苗。

(三) 露地育苗

南方的冬春早季温度一般较高，因此采用露地育苗是甜椒生产的常用方式，此方式能用以保证秧苗移栽时的质量，然而需要注意

的是，在秧苗移栽时要做好插拱子盖薄膜防雨的工作。

(四) 荫棚育苗

华北地区温室秋冬茬，拱棚秋延后栽培的甜椒，在其育苗的时期正值高温多雨的季节，因此为避免雨涝和病虫为害，育苗的场地需要建在地势高、气候干燥、排水良好的地段，同时需要修建一个1~1.6米宽的高畦，在四周挖好排水沟，畦面每隔30~50厘米的地方，需用竹竿插一个50~100厘米高的圆形拱架，并在其上覆盖一层塑料膜，但是不能将薄膜扣严，撩起底部，这样才有利于遮阴降温，防止暴雨的冲刷，如果在覆盖了薄膜的同时再扣盖一个遮阳网，其效果则更好。此外，在苗床的周围埋设立柱，搭成一个30~50厘米的平棚架，并在其上搭盖竹帘、芦帘或铺一层细竹竿、苇子，这样也可以取得很好的效果。搭棚时要注意覆盖物的厚度，不宜过厚，也不宜太薄，一般以造成花荫为宜，覆盖物还应随着幼苗生长逐渐撤去，否则会造成幼苗徒长，从而难以达到培育壮苗的目的。塑料拱棚同时还是夏季育苗的理想场所。

第二节 朝天椒的育苗

朝天椒属于茄科植物，多采用育苗移栽的方法生产。获得朝天椒早熟、优质、高产栽培的关键技术是培育壮苗，这对于夺取高产来说尤为重要。相较于壮苗，弱苗减产的幅度相当大；相反的，壮苗定植后发根早、返苗快、成活率高，对于无限生长型朝天椒能有效地延长其生长的季节，从而提高单位产量。一般情况下，壮苗还能比弱苗早缓苗5~12天，成活率也提高了10%左右，在苗床上培育壮苗比较容易，然而在定植后让弱苗赶上壮苗就非常困难了。因而，在生产上只有培育壮苗，这样才能获得高产。

壮苗是指植株生长健壮，无病虫害，生命力强，能适应移栽后的环境条件的优质秧苗。

（1）壮苗的苗龄为60天左右，幼苗的高度适中，一般是18~20厘米，展开的叶片是12片以上，叶片肥厚而颜色浓绿有光泽，生长极为整齐。

（2）节间短，一般是1~2厘米，茎秆粗而壮，用手捏会有弹性，并且子叶不脱落。

（3）壮苗的根系发育极好，须根发达且呈白色，其靠近地表的下胚轴两侧各有一排凸起的不定根，每排有5~7条。

（4）壮苗无病虫害。

一、育苗时间的确定

朝天椒的育苗时间应当以其苗龄和栽植的时间而定。宁可稍早一分，不可晚一秒；宁可用苗等地，不可用地等苗。朝天椒的苗龄以60~70天为最好，具体的时间需要根据当地的气候条件特点和采用的育苗方法而定。

二、朝天椒育苗的方法

（一）小拱棚育苗

在朝天椒的产区，椒农一般多采用小拱棚的方式育苗。小拱棚由支架、塑料薄膜、草苫和风障四部分组成。育苗畦一般宽1.3米（也可以随覆盖物的宽度随机变化），长15米左右。

将畦内的土翻松,然后结合翻地施入基肥。如果苗床的面积是19.5平方米,可以为每畦施入优质腐熟的农家肥50~100千克,尿素0.75千克,磷酸二氢钾0.3千克或硫酸钾复混三元素3~4千克。同时施入的粪土需要拌得均匀整平。一般而言,在播种的前2~3天,需要将苗床灌足水,直至其不再渗水为止。灌水后的苗床如果发现有不平的畦面,可以用碎的粪土将其填平。待水渗干后,用小刀将其纵横划成3厘米的正方形方块,在每个方块内可以点播2~3粒种子。不划方格直接播种也是可以的,但是盖籽土最好保持在1.5~2厘米,只有这样育出的苗才能健壮且整齐。

苗床的四周可筑一个20厘米高的畦埂,然后再用竹片或柳条做成一个高0.5米左右的拱棚架,其上面可以覆盖一层厚0.1毫米的塑料薄膜,薄膜上再覆盖一层由稻草、麦秆织成的草苫,草苫应长2米左右、宽1.3~2米(或者根据苗床的宽度而定),然后横向盖在薄膜上。

实践证明,采用小拱棚育苗,白天在有阳光的时候可以增温10~20℃,夜晚可增温3~4℃。

往往椒农会在同一个地方育苗多年,然而这对于防治病虫害是非常不利的。如果建立苗床的地方上年已经育过苗了,就应该把旧的床土全部运走,然后再从上年没有栽过辣椒或茄子的田块内运来新的床土,重新建床育苗。

(二)阳畦育苗

阳畦育苗是一种与小拱棚育苗大同小异的育苗方式。一般的阳畦,南北畦宽1.3米(或根据覆盖物的宽度而变化),东西畦长15米左右。在畦的北面筑起一堵高40~60厘米的墙,在南面筑起高15~20厘米的墙,东西两面的墙筑成斜坡,畦面用木条或竹竿做支架,再在上面覆盖一层塑料薄膜,塑料薄膜上面加盖用稻草、麦秆、蒲草织成的草苫,草苫宽2米、厚4~5厘米为最佳,草苫使用方便,可以达到保温、耐用的目的。如若在空旷的地方育苗,最好将其北侧的苗床加设风障(可用玉米秆、高粱秆编成),风障设2米高左右,同时与地面形成80°夹角,用以降低风速,提高床温。其他地方与小拱棚育苗相同。阳畦育苗采光保温的效果要比小拱棚育苗优越很多,其升温快,增温的效果好,一般能比小拱棚育苗的温度高出1~3℃。

(三)地热线育苗

地热线育苗是指在苗床土下铺设电热线,利用电能加热床土的一种育苗形式。每度电可产生热量3600.6千焦,每平方米苗床每天耗电0.2~0.5千瓦时。采用电热线温床育苗,容易控制苗床的温度,其操作简单,出苗整齐,在一些有条件的地方,还可以实现自动控温,在有电源的地方均可推广。

地热线育苗的建床方法与阳畦苗床基本一样,只是需要在阳畦内按8~10厘米的间距铺设电加温线。市面上有600瓦、800瓦、1000瓦等型号长80~120米的电热线。布线前,在床底铺一层5~10厘米厚的麦秸、稻草或草木灰,作为隔热材料。布线时可先在苗床的两端按规定间距插上小木桩,然后再从苗床的一端开始布线,布线时,切记电线一定要拉紧、拉直,不能交叉、重叠。同时电热线的两头引线需要留在苗床的同一端,以便接通电源。电线接头应留在土中,引线留在外面,然后再接通电源,检查电路通电是否正常,是否可以升温。线布好后,可以在其上覆盖一层2厘米的细沙土;上边再覆盖营养土,此法与阳畦育苗相同。

播种前首先接通电源,使土温升到30℃左右,然后播种。育苗结束后,要轻轻抽出电热线,以防造成断线或损坏绝缘层,地热线育苗的苗床下年可以继续使用。

(四)大棚育苗

在有塑料大棚或温室大棚的地方,育苗可用塑料大棚或温室大棚,其保温效果好,育苗质量高,这里不再详述。

第三章 高效益的辣椒栽培

第一节 适宜的栽培季节

辣椒的露地定植期主要取决于露地的温度状况,在华中的湖南省,早熟品种可早至3月下旬或4月上旬,中熟品种宜在4月中、下旬,晚熟品种可迟至5月上旬。在西南的四川盆地,辣椒的栽培多在头年的冬季开始播种育苗,次年的3月中旬定植,5月上中旬开始采收,到夏末收获完毕。近年来,我国南方各地为了充分利用晚秋光热资源,从而延长辣椒的供应期,辣椒开始秋种冬收。在7~8月份播种育苗,生长后期再搭棚保温,辣椒的采收期可延长到11月中旬至12月份,以至第二年春季,此方法取得的经济效益较好。

第二节 辣椒的露地栽培技术

一、春夏茬辣椒的露地栽培

冬春季播种育苗，定植时苗现大蕾，一般育苗条件下，育苗期80～110天，晚霜过后定植，夏季末期拉秧，在夏季温度不是很高的地区也可越夏直至深秋拉秧。

（一）选择品种

露地栽培应选择中晚熟、生育期较长、抗病性强的品种，如茄门椒、湘研3号、牟农1号、农大40等。在选择品种的同时需注意与消费地的食用习惯相适应。

（二）培育适龄壮苗

春夏茬辣椒适龄的壮苗，中晚熟品种的幼苗应达到10～14片叶，有90%幼苗已经现蕾，叶色深绿而叶片肥大。茎秆粗短，根系发达，无病虫害。常规育苗，多在温室、温床上播种，在温室、塑料大棚加小拱棚、温床、阳畦中分苗，育苗期为80～110天。

（三）定植

辣椒的栽植应当选择在地势高、排水良好、土层深厚、中等以上肥力的壤土或沙壤土中栽培。为防治病虫害，切忌与茄果类蔬菜连作。

定植前的土地要深翻，同时施入充足的基肥，每亩施入优质有机肥5000千克以上、过磷酸钙30千克为最佳。宽垄栽培，每垄栽2

行，行距为33~40厘米，穴距26~33厘米。辣椒不容易徒长，因此一般采用每穴双株定植，有利于抵御风害，提高早期产量。定植时把苗置于定植穴里，覆土与苗子所带的土坨平齐即可。栽植的同时需要浇定植水，以防秧苗萎蔫。定植时期应在晚霜过后，选择10厘米深的土壤温度为13℃左右的时间。

(四) 田间管理

定植后的田间管理应是前期促根，壮秧；盛果期抓壮秧，促结果；后期抓好保秧复壮。

(五) 盛果前的管理

这一时期应以营养生长为主，主要抓好促根、壮秧。管理上应采用有利于提高地温为主的措施。定植时不宜大量浇水，以免影响地温。定植7天左右后再浇缓苗水，水量也不宜过大，以免降低地温。地表发干可操作时，要抓紧进行中耕。中耕比不中耕的会提高1℃左右的地温，中耕的缓苗快，心叶生长迅速，发根多。中耕时需要掌握近根处要浅，远根处要深的原则，深度为7厘米。中耕使土表疏松，有利于根系和地上部的生育。中耕结合培土，对促根、防倒伏有良好效果，同时也方便于灌溉和排水。中耕后蹲苗，控制水分，使根系向纵深发展，达到根深叶茂，防止秧苗徒长。蹲苗时间的掌握要适度，一般门椒（第一层果实）坐稳，蹲苗结束。门椒在2~3厘米时已经坐稳，这时需要及时追肥浇水，以促进辣椒的生长，提高早期产量。追肥以氮肥为主，同时配合施入磷、钾肥，这样可以使植株健壮，防止落花落果。可在每亩中顺水冲入腐熟人粪尿2000千克左右，或追施尿素10~15千克。追肥后要及时中耕培土，以保护根系，防止倒伏，改善土壤的通透性。

（六）盛果期的管理

辣椒在进入盛果期至雨季到来之前，应重点管理壮秧、促进结果。主要措施有：

（1）调整植株使长秧结果均衡发展。在进入盛果期后，要及时采收门椒、对椒，防止坠秧而使植株的生长势变弱。植株长势旺盛，冠层郁闭时，可以进行打杈摘心；植株长势弱或侧枝萌发生长不旺时，可以不作此处理。

（2）加强肥水管理。进入盛果期后，正值高温干旱天气，需要5~7天浇1次水，保持地皮不干。结合浇水追施化肥，每亩可用硫酸铵20~25千克，或尿素10~15千克，或复合肥20千克，同时需要再次对根部适当培土，为雨季排水防涝打下基础。然而培土的高度不能过高，13厘米最佳。结合追肥浇水时，还要在叶面上喷施1~2次预防病毒病的药剂，以防止发生病毒病。喷药时，还可加入磷酸二氢钾等叶肥。

二、夏秋茬辣椒的露地栽培

春季在阳畦或小拱棚中播种育苗，育苗期一般为60天，5~6月定植，收获至深秋进行拉秧。

（一）适宜品种

夏秋茬的辣椒栽培生长期主要集中在高温多雨的三伏天，高温高湿的天气容易引发多种病害，特别是病毒病，因此必须选用耐热、抗病的中晚熟品种。如果安排长途运输或保鲜贮藏的品种，最好根据销往地的消费习惯，选用果型大、果肉厚、商品性状好、耐贮运的品种。例如，在黄淮地区栽培辣椒，一般会选择抗病毒能力强的长角椒类，在较为冷凉的地区，可以栽培甜椒。

（二）培育适龄壮苗

1. 育苗时间　夏秋茬的辣椒从播种育苗到开花结果一般需要60~80天，在黄淮地区一般与小麦、油菜等夏收作物接茬，开始播种育苗的时间在4月上旬左右最为适宜。种植辣椒有"宁叫苗等地，不叫地等苗"的习惯，因此应适期早播，以求主动。

2. 育苗设施　苗床设在露地，然而前期温度尚低，所以需要采用小拱棚作短期覆盖，晚霜过后撤除棚膜。

3. 关键技术　为了减少分苗时伤根和病害现象的发生，首先要采取一次播种育成苗的方法；其次要保持充足的水分，防止因为缺水而影响椒苗生长。

（三）整地施肥

1. 灭茬施肥　上茬的作物收获后，要抓紧时间灭茬施肥，每亩可用优质农家肥5000千克、过磷酸钙50千克。耕翻整地，起垄或做小高畦，用以排水和防涝。

2. 株行距配置　一般夏秋茬的辣椒适宜采取大小行种植。大行距辣椒株行距为70~80厘米，甜椒株行距为60~70厘米；小行距辣椒株行距为50厘米，甜椒株行距为40厘米。甜椒适宜密植是为了便于早封垄，降低地温，以保持地面湿润，创造较好的小气候条件，防止发生日灼。辣椒株穴距为33~40厘米，每穴1株；甜椒株穴距则为25~33厘米，每穴2株。

（四）定植

1. 时间　椒苗的定植应选在阴天或晴天午后3时以后，要尽量不使秧苗在栽植过程中萎蔫。

2. 方法 起苗的前1天最好浇足水，起苗时多带宿根土，并且在运苗过程中要注意尽量减少伤根。栽后立即覆土、浇水。缓苗期需要连浇2～3次水，以降低地温，促进缓苗。

(五) 肥水管理

1. 追肥 夏秋茬辣椒定植后，取得高产的关键是学会科学运用肥水，促进茎叶迅速生长。因此，缓苗后需要立即追肥浇水，每亩一般追施尿素15千克，顺水冲入。门椒坐果后，为促果壮秧每亩须再追入尿素15千克或复合肥30千克。追肥最好结合浇水进行，同时在盛果期还需追肥1～2次，以防止植株早衰。

2. 浇水 在整个辣椒生长的期间，基本掌握"开花结果前适当控制浇水，做到地面有湿有干；开花结果后，适当浇水，保持地面湿润"的原则。温度较高时，浇水应当在早晨或傍晚进行。

3. 排涝 如遇降雨，田间的积水需要及时排出；若遇热闷雨，需要及时用温度较低的清水（最好是井水）浇灌，随浇随排，从而使土温降低，增加土壤的透气性，以防止根系衰弱和由此造成的叶片脱落。如果雨水过多，土壤便会缺氧，当叶色发黄时，要及时中耕排湿，同时在叶面上喷洒磷酸二氢钾，以提高植株的抗逆性。

(六) 保花保果

高温多雨时节正值门椒、对椒开花坐果，此时很容易引起落花、落果。因此，当有30%的植株开花时，需用番茄灵25～30毫克/升涂抹花柄或喷花，3～5天处理1次，但喷花时不要把药液喷到茎叶上，花期时在叶面上喷施500倍液的磷酸二氢钾溶液，也有较好的保花保果效果。

第三节 塑料大棚的早熟栽培

辣椒的原产地属于热带地区,因此辣椒性喜温暖,不耐霜冻,但是它也不耐高温,在高温高湿的大棚内,容易落花落果,低温高湿也影响授粉受精。大棚栽培辣椒,对于调节温湿度要严格掌握,如此才能获得早熟丰产。

辣椒喜湿润土壤和较干燥的空气,既不耐旱又怕涝。根系大多分布于20~30厘米的浅层表土内,在大棚栽培植株比露地栽培时要高大,所以要防倒伏。

在大棚内栽培辣椒,品种有抗寒、耐热、抗病、早熟、丰产、植株长势中等要求,适于密植。目前长江流域选用的主要品种有早丰1号、湘研系列辣椒、洪杂1号、华椒8号、赣椒1号、苏椒6号等。

长江流域一般在10~11月播种,在11~12月分苗,次年2月定植,3~4月开始采收,可采收至6月底,7月初扯苗。其主要栽培技术如下:

一、土地与肥料要求

栽植辣椒的土地要求选在能灌能排的冬闲田,并且在2~3年内没有种植过茄果类蔬菜,冬翻2~3次,每亩施腐熟人畜粪尿优质肥5000千克、过磷酸钙20~30千克,全部肥料的2/3用作底肥、1/3用作面肥,以达到"基肥足,面肥速,养分全"的效果。同时做一个宽1~1.2米、长12~15米的厢面,要求厢平、土碎、无土块。

二、提前扣棚与定植

提前扣棚能达到积蓄热量、提高地温的效果,四川青椒早熟保护地栽培,适宜在2月中下旬扣棚。当10厘米地温稳定通过10℃时,约在3月上旬,选择在冷尾暖头的晴朗天气定植。定植前1天对幼苗浇足水,喷0.3%的磷酸二氢钾作送嫁肥,并喷施农药防病虫害。每亩约种植3500株。

三、定植后的管理技术

(一) 适宜温度

大棚辣椒的温光管理指标测定结果表明,早丰1号辣椒的幼苗期温度最好为20~25℃,10℃以下光合作用会停止,30℃以上则会受到抑制。幼苗期的光补偿点是1750勒克斯,光饱和点则为32500勒克斯。在上述范围内,净光合率随光强增强而升高。

开花结果时期,其最适宜的温度是25~30℃,最适宜的光强为35000~50000勒克斯。当温度为28℃、光强为37500勒克斯时,光合强度达最大值;当温度超过35℃、光强超过60000勒克斯时,光合强度就会出现明显的下降。

结果后期,温度最适宜在30~35℃,最适宜光强在40000~55000勒克斯;当温度为35℃、光强为50000勒克斯时,光合强度达最大值。假若光强和温度都超过上述范围,光合的强度就会下降。

(二) 温度管理

春季的温光调控技术和措施为辣椒的温光管理实现了规范化,

早春围绕保温、早熟、增产，宜采用以下调控技术和措施。

适温管理技术：根据已经明确的辣椒在不同生育阶段需要的最适宜温度指标进行管理，即幼苗期棚温控制在20~25℃，结果期为25~30℃，结果后期在30~35℃。具体做法是：在晴天的上午，当棚温上升到适温的下限（即分别达20℃、25℃或30℃）时，需要开始在大棚的一侧揭膜通风并逐渐加大通风带；当大棚的温度降至适宜温度的上限（即分别达25℃、30℃或35℃）时，要先在大棚的一侧放下棚膜保温；当棚温超过适温上限（即分别达25℃、30℃或35℃）时，则大棚另一侧也应揭膜通风。下午，当棚温继续下降至适温下限时，将另一侧棚膜放下，从而使棚温有尽可能长的时间来维护各生育阶段的温度保持在适温的范围内。多云或阴天时，宜在中午前后适当通风，不得使棚温过低。

（三）降温措施

夏季的调控技术和措施以遮阳降温、延长供应为目的，可采用以下调控措施：

1. 保留棚顶薄膜　在大棚中栽培辣椒，一般为了延长棚膜的使用寿命，会在5月中下旬揭除棚膜，因而，夏季高温多雨时节，蔬菜的生长发育就会受到抑制。因此为减少暴雨、强光或高温对蔬菜生产带来的不良影响，可采取去除围裙膜而保留顶膜的措施来促进蔬菜的生长。经测定，采用这一措施光强可减弱25%~35%。当露地光强在90000勒克斯时，棚内光强可降低至65000勒克斯，还可降低叶温1.98℃，空气温度提高8%，同时叶绿素A和叶绿素B及可溶性蛋白分别增加19.%、6.8%和13.8%，净光合率平均提高29.7%。因此，当采用耐老化膜或多功能膜覆盖时，可以考虑采用以上措施，从而达到遮阳降温，有利于棚内辣椒生长的目的。如果采用的是普通棚膜覆盖，则不宜采用该方法。因为强光和高温会加速普通膜的老化进程，缩短使用寿命，因而增加成本。

2. 采用遮阳网覆盖　即在生长中后期揭除大棚顶膜，换遮阳网覆盖，此法具有明显的遮阳降温作用。相同规格的遮阳网，其遮阳的效果以黑色网最好，银灰网次之，白色网较差，分别为65%、48%、39%。遮阳网的降温作用以降高温的效果最为显著，露地气温越高其降高温的作用越大，晴天中午前后可下降气温5~7℃，早晨和傍晚只降低3~4℃，对最低气温的影响较小，一般只降低1~2℃。覆盖遮阳网后的上述效果，可以防止辣椒果实发生"日灼"现象，并且还能改善辣椒果实的品质和提高辣椒的后期产量，覆盖初期的时间以高温到来前的6月中下旬或7月初为宜。

关于光照的管理，在当前大棚栽培还不具备采用补光措施的情况下，为了避免棚内的光强过低而使光合作用受到影响，首先要推广新的多功能膜的应用，利用该膜有较好散光性的特点来改善棚内的光照条件；其次，在多层覆盖时，在维护适宜的温度的前提下，为了让蔬菜有充足的光照，上午需要提早揭小棚膜，下午适当地晚盖小棚膜。

(四) 施肥管理

配方施肥无机营养三要素对辣椒的生长发育有重要影响。氮素影响着辣椒的生长、发芽分化、产量形成，与产量的关系最为密切。磷对于根系的生长、花芽分化的早晚、花芽的质量有着重要影响。钾可称为辣椒的"果肥"，对果实膨大有直接影响。研究表明，不同生产水平的早辣椒每亩产1250~4800千克，就需要吸收氮10.1~23.7千克、磷0.9~2.4千克、钾11.3~31.6千克，氮：磷：钾为(9.9~11.2)∶1∶(11.3~13.2)。

对辣椒配方施肥的试验证明，氮多磷少钾中的施肥方案能比氮磷钾等比的增产24.9%，比氮少磷多钾中的增产27.2%。因此，氮磷钾施肥量的最佳配比为（1.7~1.8）：1：（1.4~1.5）时比较适合。其具体的施肥量为每亩基肥腐熟猪牛粪3000~3500千克、人粪尿1500~2000千克、三元复合肥30千克左右，结果期根据长势追肥2~4次，地干时可追施人粪尿，地湿或气温高时适宜追施化肥，每次亩施8~10千克尿素、5千克左右氯化钾。

辣椒对硼等微量元素比较敏感。据试验，在花期至初果期叶面喷施2次0.3%的硼砂，可使结果率提高，增加前期产量约为12.2%，增加总产量约为6.7%，在结果期喷施0.03%~0.05%稀土元素1~2次，平均增产10.9%。

（五）锄草、松土、壅根

缓苗（返青）后需要及时松土，以提高地温。松土做到第一遍浅松，第二遍深松，第三遍不伤根，并逐次结合进行培土。4月中旬至5月初，在辣椒封行前，将厢面挖成厢沟培在辣椒行上，培土高度可达5~8厘米，将原来的低厢变成深沟高厢，有利于灌溉和排涝，且可防倒伏。若在塑料大棚内加盖了地膜的则不必锄草、松土、壅根。

（六）适时采收

青椒以嫩果供食，适时的采收不仅可以增加产量，还能使经济效益提高。辣椒开花授粉后18~25天，果实充分膨大，青色较浓，果实有坚韧感且有光泽时，就应采收。

第三篇 辣椒

第四章 绿色的生产与加工

第一节 辣椒的采收和分级

一、辣椒的采收

辣椒开始采收前,此时期地温低、根系弱,应大促小控,即轻浇水,早追肥;勤中耕,小蹲苗;缓苗水轻浇,可结合追少许粪水,浇灌后要及时中耕,达到增温保墒,促进发根的目的,蹲苗的时间不宜过长,10天左右为最佳,可小浇小蹲,调节根秧关系。蹲苗结束后,及时浇水、追肥,提高早期产量,追肥应以氮肥为主,同时配合施些磷钾肥,从而促使秧棵健壮,防止落花,还要及时摘除第一花下方主茎上的侧枝。

采收辣椒时的天气一般较热,因此在这时需要加强植株的管理,辣椒植株生长的最适温度在25℃。高于35℃时,由于干旱缺水辣椒不能正常生长,引起植株萎蔫,不利于果实养分的积累和正常红熟;落叶、落花、落果,会直接影响植株抗性和产量的形成;伏旱则会引起严重缺水,因此果实的膨大便会减慢,果面皱缩、畸形,没有

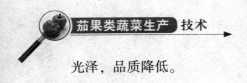

光泽，品质降低。

二、辣椒的等级与规格

辣椒在生产过程中，因受到自然和人为的各种复杂因素的影响，产品质量差异大，故采收时产品的品质、大小、形状等很难做到整齐一致。因此为了使商品的规格统一，便于包装、贮运，同时又能体现出优质优价，最好在包装前根据产品的大小、形状、色泽等方面进行分级分装。分级是指按一定的品质标准和大小规格将产品分为若干等级，分级是辣椒产品商品化不可缺少的步骤，这样做的意义在于可以使分级后的产品在品质、大小、色泽、成熟度、清洁度等方面基本保持一致，便于在运输和贮藏时分别管理，减少损耗；同时也便于在流通中按质论价。如果把成熟度不同、品质及大小不同的果实混在一起包装，会产生许多不利因素。例如，成熟度较高的果实释放大量的乙烯会对其他绿熟果起催熟作用，会加快其他果实成熟和衰老的进程；同时果实品质良莠不齐，难以树立良好的商品信誉。

（一）辣椒的等级与划分标准

按农业部颁发的 NY/T 944—2006《辣椒等级规格》标准执行。

品质的基本要求：果面清洁，没有杂质；没有异味；没有虫及病虫害现象。在符合基本要求的前提下，辣椒分为特级、一级和二级。

1. 等级划分标准　特级：外观整齐一致，果梗、萼片和果实呈现该品种固有的颜色，色泽一致；质感脆嫩；果柄切口水平整齐（仅适于灯笼椒）；无冷害、冻害、灼伤及机械性损伤，没有腐烂。

一级：外观基本保持一致，果梗、萼片和果实呈现出该品种固有的颜色，色泽能基本保持一致；没有绵软感觉；灯笼椒果柄的切口比较齐整；没有明显的灼伤、冷害、冻害及机械损伤。二级：外观基本一致，果梗、萼片和果实呈该品种固有的色泽，可以有一点异色；果柄劈裂的果实数不能超过2%；允许果实的表面有轻微的干裂缝以及稍有冷害、冻害、灼伤及机械损伤。

允许误差范围：特级品种中允许有10%的产品不符合该等级的要求，但要符合一级品种的要求。一级品中允许有12%的产品不符合该等级要求，但应该符合二级的要求。二级品中允许有15%的产品不符合该等级要求，但应该要符合其基本的要求。

2. 规格划分标准　根据不同的果实形状，以长度划分辣椒的规格，分为大、中、小三种规格：

（1）大羊角形、牛角形、圆锥形的长度都大于15厘米，灯笼形的横向直径大于7厘米。特级品中允许有5%的果实长度不符合其基本规格要求，一级品中允许有7%的果实长度不符合其规格要求，二级品中允许有10%的果实不符合其规格要求。

（2）中羊角形、牛角形、圆锥形的长度介于10~15厘米之间，灯笼形的横向直径介于5~7厘米之间。特级品的果实允许有3%长度不符合本规格要求，一级品的果实允许有5%长度不符合本规格要求，二级品的果实允许有7%不符合本规格要求。

（3）小羊角形、牛角形、圆锥形的长度都小于10厘米，灯笼形的横向直径小于5厘米。特级品允许有2%的果实长度不符合本规格要求，一级品允许有5%的果实长度不符合本规格要求，二级品中可以有7%的果实达不到这一规格。

（二）分级的方法

按照不同的等级、品种、大小分别包装。采收时先将各级的产品分开放，选择没有病、虫、伤的果实及等外果实。分级的方法有手工操作和机械操作两种：手工操作分级应预先熟悉掌握分级标准。虽然手工分级的效率低、误差大，但是手工精细操作可以避免果实受到机械伤害；机械操作分级可以根据辣椒的长度或颜色通过一定的设备装置完成，大大提高了工作效率和分选精度，但需要的设备投资较大。

在国家颁布的辣椒等级和规格划分行业标准中，还规定了辣椒果实各外观指标的取样和检测的方法，其标准规定如下：外观指标中的品种特征、果形、色泽、果面状况、新鲜度、清洁度、整齐度，是否有异味、腐烂、过熟、灼伤、褪色斑、疤痕、雹伤、冻伤、皱缩、畸形果、病虫害及机械伤等指标可以用目测法检验；不明显的病虫害可以取样果解剖检验；果实的成熟度采用解剖法目测；异味采用嗅觉鉴定法检验。标准中还规定了辣椒品质在不同等级间的限度范围。

第二节　辣椒的包装与运输

一、辣椒的包装标准

在采后的运输、贮藏和流通过程中便于装卸和搬运，减少相互间的摩擦、挤压和碰撞而造成的机械损伤是实行辣椒包装的目的，将辣椒进行包装还可以减少产品的水分蒸发，保持产品的新鲜度，从而提高产品的商品价值。在包装过程中，为了保证产品的清洁，无论是包装材料还是作业过程都应该注意防止产品的二次污染。

辣椒的包装必须符合国家辣椒包装的技术标准（NY/T 944—

2006）的要求，包装用的容器如塑料箱、纸箱等应该按照产品的不同大小以及规格设计，同一规格的包装应大小一致、整洁、干燥、透气、结实、美观，没有污染以及异味，内壁没有尖凸的东西，没有虫蛀、腐烂、变质的迹象，纸箱无受潮、离层现象。塑料箱应该符合 GB/T 8868 中的有关规定。瓦楞纸箱应符合 GB/T 6543 的要求。重复使用的包装容器，首先要将表面的污垢彻底清洗，并在使用前进行消毒处理，以防止发生病害。

辣椒的包装可以分为运输包装和销售包装两种。运输包装的容器主要有竹筐、木箱、纸箱以及塑料箱等。此类包装容器应具有一定的耐高温、耐低温能力和一定的机械强度，在搬运中不易变形和损坏。如果采用瓦楞纸箱，应该符合 GB/T 6543 要求，耐压强度要在 300 千克以上，每箱盛装辣椒的重量不超过 10 千克。辣椒在包装前最好用剪刀剪掉果柄，以免在搬运过程中被挤压从而对邻近的果实造成伤害。包装前把纸箱叠好，打开透气孔，在纸箱内铺衬一层纸，然后按产品的品种、规格分别包装，同一件包装内的产品需要摆放整齐。视其体积的不同大小，码放 2~3 层（灯笼椒）或 4~5 层（羊角椒、牛角椒、圆锥形椒）。每一批产品所用的包装，单位质量应一致；每件包装的净含量不超过 10 千克，误差不超过 5%；包装的净含量是 10~15 千克时，其误差不超过 3%。包装时最好在包装箱的四周和顶部铺衬一层纸等松软材料，从而避免搬运过程中的颠簸和磕碰。

销售包装可以分成内、外包装两部分，内包装主要指辣椒净菜上市的小包装，内包装的材料尽可能地使用卫生、无毒并且可以再利用的一次性材料，目前市面上内包装主要使用的有衬膜防潮纸、泡沫塑料和塑料薄膜等，包装的形式主要有托盘包装和收缩包装等。在销售包装前，必须对辣椒进行清洗和修整，用无毒清洗剂将果实表面彻底清洗干净，用剪刀将果柄剪掉，使其充分干燥后再包装。托盘包装也叫罩泡包装，包装时将清洗修剪好的定量辣椒整齐地码放进塑料托盘内，用塑料薄膜封合。收缩包装是将收缩塑料作为包装的材料，将包裹严实的定量辣椒，加热使薄膜收缩紧贴果实，进而形成一层保护屏障。外包装材料一般是纸箱或塑料箱，用于盛装一定数量的小包装，以便于管理和搬运。外包装中装箱的小包装一定要保持数量一致，并且在挑选、修整和包装过程中应注意轻拿轻放，尽量减少碰撞，以避免对果实造成伤害。

辣椒包装后，应该按照国家颁布的标准在运输包装和销售包装上印上明显的标志，其内容包括：产品等级、规格，产品的标准编号，生产单位及详细地址，产地、净含量和采收、包装日期等。若是需要冷藏保存的品种，则应该注明保存方式。标注的内容要求字迹清晰、规范、准确，并加盖行政管理部门的检验章。销售的小包装上还可以注明价格。用于托运的包装还必须标注发货方以及收货方的地址、姓名、托运产品的数量和等级。

二、辣椒的运输标准

生产中异地销售的辣椒收获后应该就地分级、修整、及时预冷、包装和运输。辣椒运输过程中应该严格执行国家关于辣椒运输的标准，严格保持辣椒运输时需要的环境条件，要防止果实产生机械损伤，避免侵染病菌，同时还需要注意防冻、防雨淋、防晒及通风等事项。

辣椒在运输前要事先进行预冷，将田间携带的热量除去，从而降低果实内部的温度，降低果实的代谢速度，防止腐烂，保持果实的良好品质。预冷应在预冷库里面，预冷库保持0℃，将封好的菜箱放置在差压预冷通风设备前，使菜箱有孔的两面垂直于进风风道，并对齐每排箱的开孔。风道两侧的菜箱要码放平整，顶部和侧面要码齐，差压预冷通风设备的大小决定着一次预冷量的多少。菜箱码好后将通风设备上部的帆布打开盖在菜箱上，帆布要贴近菜箱垂直放下，防止漏风。然后再将差压预冷的通风系统打开，并且将时间调整到预定的预冷时间。一般经过5~6小时的预冷，产品就可以达到预定温度。辣椒运输的产品预冷温度为8~10℃，预冷数小时就可以装车运输。如果不能及时运输产品，可以将菜箱放在温度为6~10℃、空气相对湿度为85%~90%的冷库中贮存。

辣椒的运输工具主要以汽车、火车、轮船等为主。运输工具应该清洁、卫生、无污染。在每次使用运输工具前必须对装货的空间进行清扫和熏蒸消毒，消毒后要经过一段时间的通风后才能装箱运输，以防止消毒剂残留引起的污染。为了防止运输过程中的颠簸、撞击、挤压和倾倒，货箱内应该设置支架以稳固装载。货箱内的菜箱最好不要码得过高，同时留出适当的空间，以利于通风散热。运输时应该做到轻装轻放，严防机械损伤。

辣椒的运输方式取决于产地与销售地间的距离。产品销售仅仅需要短途运输的，则可以利用汽车或更轻型的运输工具在常温下运输，但要严防日晒雨淋。运输距离稍远，时间长的应该采用火车、卡车或轮船等大型运输工具，在运输过程中应该保持温度10℃左右，空气相对湿度90%左右。国家标准规定，运输时间在10小时以内可以用保温车，超过10小时要用冷藏车运输（夏季外界温度超过30℃时，运输时间超过8小时就应该用冷藏车），冷藏车的温度要控制在10℃。冬季或寒冷地区的运输应该使用保温车或用保温集装箱，夏季运输应该采用冷藏车或冷藏集装箱。运输过程中要采取适宜的通风措施，及时排出掉货箱内辣椒果实呼吸所释放的热量，以防止菜

箱内部温度过高而导致果实腐烂从而造成巨大损失。

第三节　辣椒的贮藏方法

辣椒贮藏的环境温度为6~9℃，低于6℃易受冷害。冷害果实的表面会呈现出水浸状软烂或出现脱色圆形水烂斑点等现象。相对湿度以85%~95%为宜。辣椒在成熟过程中会产生乙烯，将环境条件控制在适当的范围可以抑制乙烯的产生，并且还能抑制后熟过程，所以贮藏环境要有较好的通风条件。辣椒中富含丰富的营养物质，因此在贮藏的过程中会造成病菌腐烂果实的情况。故而在贮藏前，将贮藏场所彻底清扫，尤其是贮藏过蔬菜或水果的老库房，要进行药剂消毒。消毒多用熏蒸法，也可用化学杀菌剂喷雾。可用5%的来苏儿水或2.9%的福尔马林（甲醛）熏蒸，也可用硫黄粉熏蒸，硫黄粉用量为每立方米5~10克。贮藏过程中还要搞好灭鼠防鼠的工作，防止老鼠破坏产品。贮藏的辣椒，选择个头大、果肉厚而坚硬、表皮光亮、颜色浓绿的中晚熟品种最为适宜。贮藏的辣椒在采收时要掌握好成熟度，成熟不充分的嫩椒在贮藏过程中容易脱水干缩，而过熟的辣椒在贮藏期间经过后熟容易转红、变软、风味变劣。所以应该在果实充分长大、果皮深绿而有光泽的时候采摘。采摘时最好用无锈的剪刀连同果柄上的节一同剪下，这样才能不劈裂果柄，碰伤果肉，然后再轻轻放入垫纸的筐中，避免擦伤或压裂果实。

果实萎蔫、腐烂和后熟变红是辣椒贮藏过程中的主要问题。关键是掌握好低温条件，抑制果实呼吸强度，以延缓后熟。辣椒适宜的贮藏温度为7~9℃，适宜的空气相对湿度为85%~90%。如果湿度太小，果实就容易脱水、萎蔫，果肉出现皱缩，从而降低商品的品质；假如湿度过大，再加上贮藏初期遇到高温，就容易造成果实腐烂，果柄处发黑、长霉等。所以在贮藏过程中应掌握"宁低勿高"的温度原则，根据实际情况因地制宜地采用不同的贮藏方法。下面介绍几种辣椒贮藏的方法。

一、沙藏法

首先，沙藏法应选择比较阴凉的地方，然后挖一个1米宽，1米深，不限长度的沟，并将挖出的土培垄在沟的四周，使沟的总深度在1.3米左右。沟挖好后，在沟底铺一层厚度为3厘米的干净的潮湿细沙，再摆一层辣椒，然后撒一层细沙将辣椒盖住，共摆5~6层。再在上面盖约6厘米厚的潮湿细沙，使沟内保持80%左右的相对湿度。最后在沟顶横放一根竹竿，并在竹竿上放一个草垫。起初需要在白天盖上草垫，晚上揭去草垫。但随着沟内温度的下降，晚上可不再揭草垫，且还要逐渐加厚草垫，以使沟内的温度保持在5~8℃。然后每隔15天翻动1次，拣选出不宜再继续贮藏的辣椒上市销售或自己食用。

二、埋藏法

埋藏法简单易行，是利用辣椒喜凉怕热的特性，先在筐或箱的底部铺一层3厘米厚的泥或沙，然后将选好的经过消毒处理的辣椒，晾干装入木箱或筐内，一层辣椒一层泥（沙），向上装至箱（筐）口5~7厘米处，再覆盖泥（沙）密封即可。要视容器大小决定其贮藏数量，木箱可以贮藏10千克。筐可视其大小适当多装一些，但也不能超过15千克，以防止装的过多因相互挤压而损坏。容器可采用骑马形叠堆的堆装方法，以四五层的高度为宜。埋藏时，还可在室内地面上用空心砖或木箱围成长 2~3 米，宽 1 米，高 0.6~0.9 米的空间，然后按上法逐层堆码，在最高层覆盖 3 厘米厚的泥（沙）密封，再堆 250 千克为宜。为了防止湿度过大而引起果实变质，可在堆内安放干空气筒，以便埋藏时通风散热。

三、缸藏法

缸藏法是民间贮藏方法。贮藏前需要将缸的内壁先用 0.5%~1.0% 的漂白粉溶液洗涤消毒。贮藏使用的辣椒应选皮厚、蜡质层较厚的果实，经药物消毒后，果柄朝上摆在缸内，一层辣椒一层沙，每层沙的厚度以不见辣椒为准，一直摆到接近缸口处，上面再用两层牛皮纸或塑料薄膜封住，促使辣椒基本上与外界空气脱离，不受其影响，封缸后的缸应当放在阴凉处或棚子里。贮藏期间每隔 5~10 天揭开封口，换气 10~15 分钟，如果遇到天气转冷，可以在缸口加盖草苫，缸的四周也用草苫覆盖，这样便可以防寒。缸贮辣椒在 0℃ 下可贮藏 2 个月，好果率在 90% 以上。缸藏时要注意缸内的温度不能太高，最好使用较干的面沙。

四、草木灰贮藏法

选择没有受到霜冻、无虫、无病、无机械损伤的青辣椒，将其表面水分晾干。贮藏时使用筐、篓、铁桶等工具均可。贮藏前先在装具底面铺一层约 7 厘米厚的干草木灰（去粗去杂），在灰上摆一层辣椒，辣椒之间留有一定空隙，然后再覆盖一层 7 厘米厚的干草木灰。依此类推，最后上面用 7 厘米厚的草木灰封顶，放在室内阴凉处贮存，在贮藏期间不要翻动。吃时可用一层扒一层，可贮藏至翌年立春。

五、架藏法

架藏法是用木材或竹材分10层搭成一个长2.5米，宽2米，高1.5米的贮藏货架。每层由3块竹片板组成，每块板可堆放15千克辣椒，每桩共450千克。而后在货架的周围用经过福尔马林（甲醛）消毒的湿布遮盖，消毒布需要每天重复消毒1次，如此才可起到隔绝空气、杀菌、保温、延缓果实老化的效果。

第四节　辣椒的加工技术

一、干辣椒的加工

选上等干红辣椒，去柄、剪碎，分出椒壳和椒籽，然后分别将椒壳和椒籽放入铁锅中用微火炒炕。炒炕椒壳时可放入少量的植物油，这样可以减少熏人的辣椒味。在炒炕椒籽时按椒壳、椒籽总质量放入3%的花椒，可增加麻味，还可防霉防虫。分别将椒壳、椒籽炒干，直至出现小焦点，然后再捣碎或用磨磨碎即可。

二、辣椒酱的加工

将7千克新鲜辣椒与3千克干辣椒剁碎。将1千克黄豆放入锅中炒出香味，再用磨将其磨成粉。400克芝麻炒出香味轧碎，500克生姜切末。将500克菜籽油放进锅中加热，倒入辣椒翻炒几分钟。将上述处理好的调料以及食盐500克、酱油500克等拌入炒几分钟，然后起锅装缸密封即可。

三、辣椒油的加工

选择晚熟的光皮红辣椒，先制成干辣椒，再去蒂，碾粉。将 55 千克酱油，6 千克细盐混合搅拌，倒进装有 20 千克辣椒粉的缸内，拌匀，存放 12 小时左右。将茶油 16 千克烧熟，立即倒进缸中，搅拌均匀，冷却，加入 4 千克麻油，拌匀，装坛，密封。

第五章 辣椒的疾病与防治

第一节 常见病害与防治

一、炭疽病

炭疽病又称黑点病、红点病、黑疱病、腐烂病。

（一）形态及危害

炭疽病是为害朝天椒的主要病害之一。主要是为害其果实，使其腐烂，在我国各地朝天椒种植区都有发生。因其病源不同，又可分为黑色、黑色多毛和红色炭疽病。

黑色炭疽病在果实上的为害，是产生圆形或不规则形的病斑，病斑稍有凹陷，呈水渍状，有同心轮纹。到后期在病斑上会出现许多小黑点（即病菌的分生孢盘），干燥时病斑干缩破裂。叶片受害，先呈水渍状斑点，随后便会变成褐色，圆形，中间为黑白色，上生轮状排列小黑点的大病斑。

黑色多毛的炭疽病容易发生在辣椒的果实上，但是老果易发病，嫩果却不发病。果实上的病斑大体上与黑色炭疽病相似，只是病斑上的黑点更大更黑，如果天气潮湿的话，小黑点中会溢出黏液。

红色炭疽病会为害辣椒的嫩果和老果，使其产生圆形或椭圆形水渍状的病斑。病斑呈黄褐色，稍凹陷，密生出橙红色小点，天气潮湿时，病斑表面会溢出淡红色的黏液。

（二）发病条件

炭疽病一般发生在高温多雨的天气，生长瘦弱的植株及将近成熟的果实容易受其害。朝天椒果实若发生此病，将形成白皮壳、黄皮壳，降低品质。

（三）防治方法

（1）选择抗病性能较好的品种，如生化培育日本原种的朝天椒、早熟丛生朝天椒、柘椒3号等，应注意禁止重茬。

（2）播前先做好种子消毒的工作，先将种子在清水中浸泡6～10小时，再用1%的硫酸铜液浸5分钟或高锰酸钾100倍液浸20分钟，捞出洗净后拌上草木灰，即可播种。

（3）药剂防治。为预防炭疽病可用波尔多液喷洒，即硫酸铜0.5千克，石灰1千克，水120～150千克，配在一起搅拌过滤；或用 50% 百菌清 600 倍液，70% 甲基托布津可湿性粉剂 1000 倍液，20% 炭疽福美可湿性粉剂 300 倍液，10% 克炭灵 500 倍液，连续喷洒 2~3 次，效果较明显。

二、软腐病

（一）形态及危害

其特征初期会在果实上呈黄白色水渍状、云团形状的病斑，果实内部的果肉被腐蚀、软腐。天气干旱时形成白壳，白壳只剩一层果皮，重量很轻，没有商品价值。

（二）发病条件

此病是一种细菌性病害，是通过空气传播的。此病适宜在阴雨天发展，因此往往造成的损失重大。

（三）防治方法

（1）适当轮作，可减轻病害。

（2）采用农家肥和辣椒专用肥相结合的方式，不单纯施用氮素化肥，则可以提高朝天椒的抗病能力。

（3）药剂保护。0.5 千克硫酸铜+0.5 千克生石灰+50 千克水配成波尔多液喷洒，不仅价格低廉，而且效果显著。400~600 倍液百菌清喷洒效果也较好，1000 倍液托布津、600~800 倍液多菌灵也可。发病期间喷洒农用链霉素或新植霉素也可防治。阴雨天 10~15 天喷 1 次，在喷药时加入杀虫剂可兼治棉铃虫等蛀果害虫。

三、猝倒病和立枯病

（一）形态及危害

倒苗是朝天椒育苗中常见的现象，特别是 2 片真叶出现以前的小苗，有时前 1 天苗子生长正常，第二天突然成片死亡，这主要是猝倒病为害造成的。若朝天椒苗的生长明显变慢，中午在苗床不缺墒的情况下，还会出现萎蔫现象，便是苗床发生立枯病造成的。

（二）发病条件

这两种病害都是病菌侵染所致，来势较猛，苗子瘦弱时容易发生，主要是因为潮湿低温的环境。

（三）防治方法

（1）育苗的床土要求清洁无病，取没种过辣椒、茄子、瓜类的大田土配制营养土最为合适。

（2）播种量不要过大，出苗后及时间苗，加大通风、透光力度，降低苗床的湿度，从而提高幼苗的质量，并增强其抗病能力。

（3）严格控制灌水，播前灌足底墒水，出苗后分期覆土，可使床土疏松，良好透气。如缺水，应在晴天上午喷水，待叶面无水时再覆土。

（4）播种时每平方米用 70% 五氯硝基苯和 50% 甲基托布津各 5 克，也可用土壤消毒剂 5 克，拌于土壤中。

（5）发病后立即清除病苗，然后再撒入敌克松药土（1 份敌克松粉，掺土 50 份）或用 72.2% 普力克水剂 400 倍液或 72% 克露可湿性粉剂600倍液喷洒，以防止其蔓延。

第二节 常见虫害与防治

棉铃虫、菜青虫、甜菜夜蛾、红蜘蛛、茶黄螨、蚜虫等极容易侵蚀朝天椒的花蕾、花和果实。因此当第一棚朝天椒开花时，要根据预测预报，及时防治。朝天椒虽属于干食型蔬菜，但也一定要选择残留量低的化学药品或生物菌剂农药进行防治，以保证产品优质无公害。

一、蚜虫

（一）形态及危害

蚜虫孤雌生殖，繁殖极快。蚜虫常常会密集在朝天椒的叶子背面，刺吸汁液，并排出蜜露，招引蚂蚁，从而使真菌繁殖，影响植物的光合作用。同时蚜虫又是多种病毒的传播者，"棵上蚂蚁行，保准有蚜虫""小椒生蚜虫，易得椒疯病"。

（二）防治方法

1. 生物防治 5～6月蚜虫发生盛期，可以从棉田助迁瓢虫，或人工饲养草蛉等天敌，进行生物防治。

2. 药剂防治 可以用1.8%爱福丁乳油4000倍液，10%蚜虱净2000倍液或高效速灭菊酯6000倍液喷洒，3天施药1次，连续2～3次。

二、蛴螬

（一）形态及危害

蛴螬是金龟子的幼虫，藏在土壤中蚕食幼根，促使植株死亡。

（二）防治方法

（1）可以利用成虫的趋光性，用黑光灯诱杀之。
（2）用毒土进行土壤处理。每亩施1%辛硫磷粉剂或2.5%地虫净粉剂2千克，然后整地。
（3）当成株期发生为害时，可使用1.8%爱福丁乳油3000倍液灌根。

三、蝼蛄

（一）形态及危害

蝼蛄主要是吃嫩根、茎，在地表的土壤中钻行，从而造成植株的死亡。

（二）防治方法

（1）厩肥要腐熟后施用，以减少虫卵。
（2）毒饵诱杀。利用炒香的麦麸、豆饼、棉籽饼25千克加入90%美曲膦酯0.5千克，加水5~6千克配制毒饵，然后将其拌匀后于傍晚撒于地表，引诱蝼蛄食后中毒而死。

第三节 生理性疾病与防治

一、辣椒畸形果

辣椒畸形果又称辣椒变形果,是指与正常果形不同的辣椒果实。

(一)形态及危害

辣椒变得扭曲、皱缩、僵小果等,剥开果实可见种子很小,内侧变成褐色。这样的果实卖相差,失去了商业价值,会给椒农造成重大损失。

(二)发病条件

出现辣椒变形果的原因很多,主要是在分化期遇到低温、光照不足、营养不足等状况,导致花粉受精及发育不良,从而变得畸形。

(三)防治方法

(1)选种时选择那些耐低温、弱光性强、果实皮厚、果实桩型高、果实心室数变化较小的品种。

(2)要加强温度的调控。在播种后的25~48天之内,要让温度保持在8℃以上,保证花芽正常分化。

(3)蘸花要选择稳定性与安全性都高的氯苯氧乙酸钠,调配蘸花药液时要严格按照说明书操作,并根据温度灵活掌握浓度,温度高时浓度小,温度低时浓度大。

(4)合理使用生长调节剂。辣椒幼苗陡长时,不要过度采用降温或者干旱等控苗的措施,而是要在加强通风、适当控湿的前提下喷施92%丁酰肼可溶性粉剂来控制陡长,这样就不会影响花芽分化。

二、辣椒日灼病

日灼病经常发生在青果上,是一种非侵染性病害。

(一)形态及危害

日灼病呈现在果实上的病斑大小不一致,这与果实的形状差异有关,多数直径都在1厘米以上。一般的甜椒多为圆形,牛角椒、尖椒多为长椭圆形,病斑开始时是呈淡黄色,无任何病原物,但是会随着逐渐失水而变薄,容易破裂,后期易被杂菌腐生。

(二)发病条件

日灼病主要是因为叶片凋萎脱落或枝叶折断,导致青果暴露在强烈的阳光下,进而被高温灼伤。

(三) 防治方法

(1) 要注意防止因为病虫害而引起的落叶问题，同时要减少青果暴晒。

(2) 及时浇水保墒，防止叶片凋萎。

三、辣椒其他生理病害

辣椒的生长过程中，常常由于生长环境的恶化，使辣椒果实变形、变色，因而影响产品质量。

(1) 在高温季节形成的青果，如果突然遇到干旱，若不及时浇水，果实表面的蜡质便不能形成，果面也常呈暗绿色而毫无光泽。

(2) 如若土壤过于干旱，果实发育时不能及时充分地供应水分，又因日夜温度的巨大差异，果实常常会因为畸形生长而变得上大下尖。

(3) 在果实发育过程中，因为低温的影响，部分的叶绿素会被花青素所代替，致使果实变成紫色。

生理病害多是受到自然条件的影响，有的可以克服，有的尚无法克服。为减少发生生理病害，应尽可能地改善植株的生长环境(如缺水、缺肥等)，以满足植株生长的需要，从而减少病害的发生。